NIGELLISSIMA

廚房女神奈潔拉的義式美味快速上桌！

 TK

NIGELLISSIMA

INSTANT ITALIAN INSPIRATION

廚房女神奈潔拉的義式美味快速上桌！

NIGELLA LAWSON

廚房女神奈潔拉羅森

攝影 PETRINA TINSLAY

大境文化

系列名稱 / EASY COOK

書　名 / 廚房女神奈潔拉的義式美味快速上桌！

作　者 / 奈潔拉羅森 NIGELLA LAWSON

出版者 / 大境文化事業有限公司

發行人 / 趙天德

總編輯 / 車東蔚

翻　譯 / 松露玫瑰

文編・校對 / 編輯部

美　編 / R.C. Work Shop

審　訂 / 胡淑華

地址 / 台北市雨聲街77號1樓

TEL / (02)2838-7996

FAX / (02)2836-0028

初版日期 / 2013年11月

定　價 / 新台幣570元

ISBN / 9789868952737

書　號 / E89

讀者專線 / (02)2836-0069

www.ecook.com.tw

E-mail / service@ecook.com.tw

劃撥帳號 / 19260956大境文化事業有限公司

原著作名 Nigellissima: Instant Italian Inspiration

作者 NIGELLA LAWSON

原出版者 Chatto & Windus

NIGELLISSIMA:INSTANT ITALIAN INSPIRATION by NIGELLA LAWSON

Copyright: © NIGELLA LAWSON 2012

This edition arranged with ED VICTOR LTD.

through BIG APPLE AGENCY, INC., LABUAN, MALAYSIA.

Traditional Chinese edition copyright:

2013 T.K. Publishing Co.

All rights reserved.

國家圖書館出版品預行編目資料

廚房女神奈潔拉的義式美味快速上桌！

奈潔拉羅森 NIGELLA LAWSON 著；--初版.--臺北市

大境文化，2013[民102] 288面：22×28公分.

（EASY COOK：E89）

ISBN 9789868952737

1.食譜　2.烹飪　3.義大利　　　　427.12　　102018168

CONTENTS

INTRODUCTION 介紹

在16、17歲左右，我就立志作個義大利人。其實並未經過仔細的思考，也不是出於少年時故作姿態的動機－像是故意讓人一眼就看到擠在書包裡磨損的企鵝現代經典（Penguin Modern Classics）、穿上當時流行的Anello&Davide尖頭平底鞋，和只用灌滿深棕色墨水的Rotring洛登筆來寫字...等。並非如此，我純粹只是被義大利這個國家所深深吸引。在準備其他大學聯考科目的同時，我也參加了義大利文速成班，等回過神來，已申請了大學的義大利語系。入學考包括法文和德文－在古老的年代，這些外國語常常列為必考科目－我特別要求他們通融我以義大利文來代替法文。當時的某些大學，我想現在依然如此，頗瞧不起羅馬語系：牛津大學就不認為要進西班牙、義大利或葡萄牙等語系就讀，需要任何基礎；若你懂拉丁文和法文，他們會想當然爾地認為你也精通上述語言。

面試時，我說想利用考試後到學期開始前（gap year）的這段空檔，到義大利生活，而我真的作到了。那時我似乎暗示了未來想在佛羅倫斯的英國文化協會（British Council）工作。佛羅倫斯，的確是我造訪的城市－至少是第一站－但卻不是以文化研究的學生身份，而是當個女服務生。我曾發誓可以做任何工作來謀生，除了清洗廁所外，所以這正是我的下場。我的確學了義大利語－馬馬虎虎的。過了一年左右，大學的翻譯課－老師要我們把《西方哲學史History of Western Philosophy》或類似的文章，稍經修飾且口語化－我的導師跟我說："奈潔拉，妳的文法沒有問題，但我確定伯特蘭·羅素Bertrand Russell（作者）講起話來不會像是佛羅倫斯的路邊小販！"

現在我還真希望講起話來像佛羅倫斯的路邊小販；如今只怕我的義大利文，就像其他迷戀義大利的英國遊客一樣，滿是結巴。雖然，無法如願地長住義大利，但我的廚房總可以充滿義大利風情吧。本書因此應運而生。

雖然說我總是在每一本書的介紹裡宣稱，創意的種籽早在許久之前便已萌發，這卻是實情：最想要寫的書卻讓我延宕最久。這點我要對自己仁慈些，表明這是因為想法必須先經過濾沉澱，才能成為我思路的一部分。縱使，現在完成的這本書和最初的預想已經不大一樣了；若創作過程具有任何意義的話，這是必然的。一開始，我所想要寫的「義大利書」，重點是以義大利當地所烹調的食物為主。但是等我陸陸續續累積了一整面牆的義大利烹飪書籍（最近的統計大約有500本），我就沒那麼想寫了。我對原始的構想倍覺尷尬；不再年少輕狂、天真

無畏（或說傲慢自大），覺得身為英國人，卻膽敢自比為正統義大利食物權威，令人羞愧－雖然我從許多英國人寫的義大利食譜書得到很多樂趣和指引。然而，義大利菜對我，以及我的料理風格有極大的影響力，因此我無法輕易地把這主題丟棄。

我在佛羅倫斯一家家族經營的旅棧當服務生時，常常和奶奶 Nonna－她真是最典型的義大利祖母形象－待在廚房裡。她並沒有特別教我怎麼作菜，但我卻學到不少。雖然當時我已會自己煮食，但因為時代所趨，以及熱衷法式料理的父母，使我的下廚方式深受法國和法式料理影響。在佛羅倫斯的小廚房裡，我認識了義大利麵，也學到了它和醬汁拌在一起時不能濕漉漉的；我學到如何在爐上煮肉，並刮下鍋裡精華的渣滓加熱融煮去漬（de-glaze），以製作成最精簡味美的肉汁（gravy）；我認識了義式蔬菜的作法（verdura），應該要充分煮軟、再以室溫狀態送上桌，而非當時英國崇尚法國美食的方式，一律要求蔬菜上桌時要保有清脆口感。除此之外，還學到了好多其他的知識。我沒有很多錢（服務生的薪水當然不會太優渥，我的同學還和我輪流上工，當然也分擔房租和薪水），所以外食選擇很有限。意思是，我們的確常在外頭用餐，但通常都是點一壺水瓶裝的酒、一籃無鹽托斯卡尼麵包和一盤雞湯煮餛飩（tortellini in brodo），以此混一晚；幸好，當你是 19 歲的青春少女，在義大利真可為所欲為。若在自己的房裡用晚餐，伴著窗外美景（我們倆擠在狹窄的窗台上，可俯瞰聖母百花大教堂），也只負擔得起一瓶酒、一條麵包、一公斤番茄和一些橄欖油。如果當月的薪水買不起酒，就喝從路邊免稅店買的伏特加和琴酒，在裝藥的塑膠袋裡跟水溶性的阿斯匹靈搖晃混合成氣泡酒；調酒用的搖酒器比葡萄酒還貴，根本超出預算。

所以囉，在廚房裡和奶奶 Nonna 用餐是最合理的選擇。她的兒子其實嚴格禁止我們這樣做，但他和太太－雨果 Ugo 和嘉比里拉 Gabriella－經常待在鄉下農場，而孫子里奧納多 Leonardo 則在上學，因此奶奶 Nonna 總會邀請我和她作伴，不自覺的傳授了做菜的方法。她讓我實際動手參與，從做中學，這也是學習重要事物的唯一法門。就這樣，她引領我進入義式美食堂奧，從此我便"義"無反顧。

然而，本書所列的食譜，並非來自奶奶 Nonna 的廚房：而是我自己的廚房，我用自己的方式所做的菜。我常戲謔自己假裝是義大利人，但實際上這僅是一個對自己的玩笑話。我的信念是，在廚房內外，要忠於自我。而真實的我，就是一個曾經住過義大利的英國女人，我熱愛義大利食物，從中被啟發、被影響：我的料理和烹調方式都是見證。

所以，不，我不會宣稱這些食譜是正統的義大利菜，但它們的確保有真實的價值。食物，好比語言，是生活的具體表現：我們說話的方式，和我們料理的食物，都會因歷史背景和個人環境，在時間的洪流裡改變。如同我在書中說過：用法決定形式。這是必定的。喋喋不休地討論那些食譜是否道地義大利，不僅粗糙至極，而且毫無意義。不單因為「義大利」存在至今時間甚短（確切地說自 1861 年），當地風俗也早已改變，傳統雖然應該珍惜，我們烹煮的方

式仍然不斷進化更新。事實上，義大利人與其食物最令人欽佩的一點，就是他們在捍衛維護飲食傳統之餘－這些傳統可是來自各地，紛亂雜陳－同時對新事物抱持高度興趣（熱愛羅馬帝國的人，當然不會對這種兼容並蓄的美食文化感到驚訝）。

然而大多數的人，完全無法認同這種文化特質，因為這不符合我們對義大利人及其飲食浪漫的想法。我們印象中道地的義大利食物，和美好的傳統農村生活緊密連結，食物簡單美味，由一整個大家庭圍繞著大餐桌享用。而現實是，農夫階層沒有餐桌，多半沒有廚房，且往往也欠缺食物。我們這些非義大利人，心目中所想像的義大利食物，通常受到義大利海外僑民的影響。我們可以說，這些離鄉背井的義大利人，反而決定了留在家鄉人們餐桌上的食物。對家鄉味道的渴望，創造出龐大的商業契機，興盛的義大利出口事業餵飽了義大利海外僑民，同時得以讓那些留在義大利的同胞有能力負擔類似食物。當在天府之國養尊處優的僑民返回故鄉時，他們也帶來了新的飲食習慣以及兼容並蓄的烹飪方式，義大利食品的全球市場也因此逐漸建立起來。義大利（在羅馬帝國時代之後）的勢力從未如此龐大，而今對全球的料理殖民大業近乎完成。

當今在義大利發生的一切的確引人玩味。過去它是由不同文化但擁有少數共同點的眾王國或城邦所組成，且視烹飪傳統為至高，其原因不外乎沒有其他物產或作物，以及缺乏外來的刺激（和法國人死守傳統的原因可不同），今日的義大利人卻對外界的新事物躍躍欲試。當然傳統仍舊受到尊重，但如上所說，義大利人突然開始想要學習其他的烹飪方式。特別是因為網路和電視無遠弗屆，義大利人就像我們一樣，觀賞製作杯子蛋糕（cupcake）、馬芬（muffin）或辛辣泰國料理的烹飪節目，這是過去世代所無法理解的。在本書某些食譜的開頭，我會特別再談到這種背離義大利傳統的當代義式美食現象（尤其是受到英美文化影響）；同時我也發現，很不尋常地，義大利人是我烹飪節目最大的觀眾群之一（走筆之際，我推特上非英籍的追隨者中，義大利人數量最多）。當然我感到十分榮幸，也發現這實在是很有趣的現象。最令我欣賞的是，他們在對外界好奇之餘，並不因此捨棄了舊有的烹飪傳統。比方說，你可以用茄子、番茄和菲塔起司（feta）來做義大利麵－義大利正統的做法，必須使用鹹味瑞可達起司（ricotta salata）－沒人會嘲笑你；他們可能自己也會這樣創新一番－只要你不稱它為「諾瑪義大利麵 Pasta alla Norma」即可。（順帶一提，你也可在我的網站找到我無恥亂搞的版本）。換句話說，只要沒有張冠李戴，不會有人對創新改革嗤之以鼻。因為這個原因，加上其他因素，我儘量避免給這本書的食譜菜餚定下義大利名。我不會故意把這些食譜弄得像義大利食譜。雖然它們大多不是正統原汁原味的義大利菜，卻是受到正統義大利精神的啟發。

你可以說，這本書僅是我和義大利及風土人文長久熱戀的一部分，始於少女時期瘋狂的浪漫懷想，歷經歲月，依舊濃烈。不過，雖然我的熱情無限，本書的篇幅卻不多（相較於我其他作品而言）。我也明白，把我其他食譜書裡的義大利菜色都加起來，會超過這本「義大利」食譜的數量，這的確有點諷刺。

我本來真的很想收錄一些喜愛的老滋味，但我不允許自己如此：這裡所有的食譜都是首次以書本形式發表，其中有三篇曾刊登於《Stylist》雜誌，另外一篇出自《衛報 The Guardian》並經過改編，還有一篇曾貼在我的網站。無法再度呈現我的「培根起司蛋麵 Spaghetti Carbonara」，剛開始挺掙扎的，後來想想，既然已在我的網站上免費分享，大可放下、邁步向前，如同充滿義大利移民的美國精神。

不過在這之前，我必須告知，我對這道經典菜餚的詮釋毫不正統：我用的是義式培根（pancetta）而非醃豬頰肉（guanciale），同時還加了鮮奶油（cream）和白酒（雖然更多時候我用的是苦艾酒 vermouth），我還犯規地標上了義大利名，即使如此我仍毫無愧色。讓我告訴你，這道食譜可是攻無不克、戰無不捷，擄獲不少美食家的心，許多還是義大利人。我就地取材烹調，因此比起傳統的做法，可使用的食材更廣，但也因此無法百分百忠於原味。我們烹飪的方式，就是這樣不斷進化演變。別忘了，番茄被視為義大利料理的必要食材，但它並非義大利原產，而是打南美而來，到了十六世紀才傳入義大利。

同樣地，今日的義大利人和我們一樣，開始有機會接觸從未出現在傳統烹調裡的食材，他們勇於加以嘗試；恰如我們現在使用老祖先們從不認識的材料。對我來說，接納這種創新的精神和現象，而非加以否定抗拒，才是所謂真正的對食物忠實。

• • •

好，剛剛的囉哩囉嗦都是出自真心，但就如義大利人說的 "a tavola"：吃飯啦！儘管美食當前，誰都不願擋人飽餐一頓，還是請你在開動前暫停一下，聽我說一些實用須知。我們得討論一下廚房食物櫃的內容，以便你完全理解隨後的食譜。別擔心，我不是要跟你討論儲存番茄罐頭和義大利麵，以及其他稍具廚藝者已有的必需品；而是讓你知道，那些能使我日常烹調（義大利風格）更便利的必備品。

我要提的第一項是**苦艾酒**。在之前的書裡我曾提到對**不甜白苦艾酒（dry white vermouth）**的熱情：它不比葡萄酒貴，以螺旋蓋封口，可在櫥櫃裡保存極久；因此無須再新開一瓶酒，即可在食物中加入葡萄酒風味。現在這股熱情已經延伸到更廣的相關食材，我開始搜購一樣方便的**不甜紅苦艾酒（dry red vermouth）**，酒體圓潤，呈紅寶石色，不似紅酒須經長時間烹煮，才能融入味道；我最近又興奮地發現，**粉紅苦艾酒（rose or rosato vermouth）**（我目前僅找到義大利產的）不只在烹飪上可為所有食材增添新鮮果香，單喝也非常好喝，還可調出美味的雞尾酒，真是棒透了，大力推薦。

VERMOUTH 苦艾酒

MARSALA 馬莎拉酒　　**馬莎拉酒**也是如此，相信許多忠實讀者早就認識它了。這款來自西西里島的加烈酒（fortified wine），風味獨特但又靈活，這裡的許多食譜都少不了它；要注意的是，列在食譜裡的「馬莎拉酒」，通常是指不甜（dry）的，而非帶有甜味的（all'uovo），如果要做甜食而非鹹味的菜餚，當然可以選用甜馬莎拉酒；至於我則喜歡從頭至尾只使用不甜馬莎拉酒，不佔櫥櫃空間，又符合經濟效益。

SHALLOTS 長型紅蔥　　當你開始閱讀本書的食譜，就會發現它的蹤跡，我稱為**banana shallot**（譯為長型紅蔥），但在英國常被稱為**echalion shallot**。最早我在《How to eat》（1998）書中提到這個最實用的蔥屬植物，但近期開始迷戀它。重點在於：當你時間或精力不夠時，剝皮、切碎和烹煮洋蔥似乎是沉重的負擔（即使我們羞於承認）。在《Nigella Express》（2007），我介紹大家省力省時的青蔥（spring onion），現在我則要催促你把目標轉向長型紅蔥。我不會多費唇舌，但你要知道長型紅蔥比洋蔥更容易去皮（只要切掉兩端，皮就應聲而除），接著只要像切

青蔥般切碎即可。因為它甜美且柔軟，比普通洋蔥還快煮熟。上述這些優點都令人慶幸，但更重要的，長型紅蔥的風味絕佳而細緻，飽滿又有深度。

ANCHOVIES 鯷魚　　我覺得需要在**鯷魚**這裡多些篇幅，才能解釋為何許多我喜愛的食譜料理，都要先將鯷魚放在**大蒜油**（我的另一項必備品，但一般不被視為上得了檯面的食材）裡加熱融化；我還是要鼓勵那些不愛鯷魚的人，給自己一次機會，用它來調製出帶有濃烈而圓潤鹹味的基底風味，品嚐一下。但我希望自己也要公平，如果我覺得有其他替代食材或可省略鯷魚，都會在各別食譜前言中提及。

唯一沒有「鯷魚退出條款」的食譜是「斯佩耳特小麥直麵，橄欖和鯷魚」（見**第26頁**）。我不是指做這道料理你不能少了鯷魚，但缺了鯷魚，就不是食譜所要呈現的菜餚了。我不想搞得

很專制似地（不管在此或任何地方），因為我堅信所謂的烹調，是在廚房裡進行，而非在食譜上亦步亦趨－這並非否定食譜的必要，而是提醒你配方僅是烹調的一個起點。

既然提到義大利麵，就提醒了我首先該說明份量的概念。平均來說，我估計100公克乾燥**義大利麵**是一人份；當然會有變數，通常視胃口和年紀而定。除此之外，還需考慮到搭配的餐點及醬汁。你會注意到，本書並非以開胃菜 Antipasti（但從「義大利風格聖誕節」那一章可找到一些）、前菜 First Courses、主菜 Second Courses 等來分章節：因為我不是這樣用餐的。我自己做的晚餐，通常就是一道菜色，可能是義大利麵食、肉類，或甚至是蔬菜料理。本書許多的蔬菜料理，的確設計成配菜，但非絕對。在蔬菜那一章的菜色，多為素食，但也有例外。

總括來說，我希望這些食譜的編排方式，能忠實反映我在家烹調以及用餐的習慣。因此，不是所有的義大利麵食或相關食譜，都收錄在義大利麵的那一章；不過在該章節結尾的**第48頁**，你可看到其他義大利麵食譜或是建議的明細。

我在義大利麵那一章沒完成的是，沒有盡情釋放對**小型麵**（pastina，小的湯用義大利麵），尤其是**米麵**（看起來像米粒，其實更像大麥 barley）的熱情；在**第43頁**你可以找到其他該類義大利麵的清單。我通常將它們當成簡便的馬鈴薯替代品烹調，做法如下。若作為搭配的澱粉食物，以每人50~75公克的份量，依照包裝說明來烹煮米麵，在預計煮熟的前幾分鐘開始

PORTIONS & COURSES
份量和類別

ORZO 米麵

試熟度。將米麵瀝乾之前，先保留少許煮麵水，同時在平底深鍋裡融化一點奶油，拌入少許煮麵水幫助乳化，適量以鹽和胡椒調味後，再加入瀝乾的米麵，依喜好拌入少許刨碎的帕馬森（Parmesan）起司，以及適量的煮麵水，使米麵均勻地沾裹上美味閃亮的醬汁。

PASTA-COOKING TIPS
烹調義大利麵的秘訣

在烹煮簡單的米麵時，醬汁基本上就是用煮麵水做成的，但在煮其他種類的義大麵時，你會發現我都會建議保留一些的**煮麵水**，使醬汁和麵體更能融合為一－－這可是義大利人獨特的秘訣。請答應我，在你每次煮義大利麵時都會這麼做。真的，你應該要做到每次瀝乾義大利麵之前，都會習慣性地記得拿個小杯子，舀出一些煮麵水，用來製作醬汁。

要煮多人份義大利麵，有個省事的秘訣（不用頻頻照顧爐上沸騰的麵），這是安娜戴康堤 Anna Del Conte* 的煮麵秘訣：叫做 Vincenzo Agnesi 料理法，可避免將義大利麵煮得過軟，做法如下：將水燒開後加鹽，放入義大利麵，攪拌均勻使所有麵體都浸入水中且不沾黏。當水再度沸騰，續煮 2 分鐘後熄火，蓋上乾淨的薄布巾（不要有凹凸紋理的），再蓋上密合的鍋蓋。如此讓鍋中的義大利麵，靜置到包裝標示建議的烹煮時間。時間一到，即可將義大利麵瀝乾，但別忘了要先保留一小杯煮麵水。

關於煮麵，我最後的技巧叮嚀也是來自安娜戴康堤 Anna Del Conte，切記要讓煮麵水跟地中海一樣鹹。現代的飲食習慣，也許不認為此項建議可取，你可自行決定是否採納。

*極富盛名義裔飲食作家與食譜作者。

BLACK RICE 黑米

我唯一和「反鹽」部隊同一陣線，是在烹煮米飯時，但可不包括義大利燉飯（risotto）。在本書中提到一道米飯料理（見**第80頁**），不過它不是燉飯，而是來自義大利的**威尼黑米（black Venere rice）**。它的風味絕佳，但更重要的是，作法簡單，散發撫慰人心的特殊香味。我沒有提供食譜配方，因為根本用不著，不過提示一下做法也許會有幫助。要作 2~4 人份時（可以勉強供應 4 人份，但我喜歡把剩飯做成很不義大利的米沙拉，所以即使僅有兩人用餐，我還是煮相同的份量），需要 1 杯黑米對 1½ 杯冷水；我覺得煮米飯時用容量計算最好，若你要重量，公制的 1 杯米等於 200 公克的米，1½ 杯的水則是 375 毫升。把米和水放入鍋裡（隨你加鹽與否），當鍋裡的材料沸騰時，蓋緊鍋蓋，把火轉到非常非常小，煮 30 分鐘。若是水分還沒完全被米粒吸收，就熄火掀蓋，蓋上乾淨的布巾，蓋回鍋蓋，靜置 5~10 分鐘。最久可靜置半小時。

• • •

*編註：1. 本書中若無特別標註，所有材料表所寫的「檸檬 Lemon」皆為黃檸檬；「巴西利 Parsley」皆為平葉巴西利。2. 磨碎果皮（zest）是指以超細刨刀（fine-grade grater）磨下果皮表面黃色的部分，成為果皮細屑後使用，請勿磨得太深，白色的中果皮會有苦味。3. 玉米粉（cornflour）：玉米磨成的細粉，用以勾芡增稠，美式稱法為 cornstarch。4. 份量未註明的材料，則表示可依個人的喜好而定。

在我讓你進廚房之前，為了對得起自己的榮譽心和責任感（我可不是這麼喜歡擔責任），還有幾件事非說不可：

開始動手前，一定要先把食譜從頭看到尾。

材料清單上方的Ⓝ符號表示，你可以在**第264~266**的NOTES筆記部分，找到事前作業、冷凍或儲存等資訊。

我通常用的是市售刨好的帕馬森（Parmesan）起司，雖然並不好意思大聲承認。若你想學我這個壞習慣，就做吧，不過要確定起司是來自義大利的新鮮Parmigiano Reggiano或Gran Padano，並以可再次密封的桶子盛裝，便於放入冰箱保存。

請客時，先確定烤箱已預熱好，鍋子裡也裝好水並已加熱。我通常很早就把這些準備好，一旦煮麵或煮蔬菜的水沸騰後，我就先熄火，但蓋上鍋蓋保溫。用餐時，再重新把水加熱到沸騰，加鹽，然後按照食譜操作，如此不必讓大家等上40分鐘才可開動（請閱讀**上一頁**烹調義大利麵的秘訣）。

食譜所使用的蛋皆為大型有機雞蛋，有時候我會用殺菌處理（pasteurized）過的盒裝蛋白，也會特別說明。如果菜色裡含有生蛋或半熟蛋，不適合讓虛弱或免疫系統受損的人食用，如孕婦、幼童或老年人，除非用的是經殺菌處理過，冷凍、液體或粉狀的蛋白（仍要檢查包裝說明，確認已經殺菌處理）。

油炸時，請按照食譜說明來控制油溫，並且全程仔細照顧油鍋：一定要隨時注意，提高警覺。

所有提到的橄欖油都是烹調用（regular）的，非特級初榨（extra-virgin）橄欖油，除非有特別說明。

所有食譜裡的牛奶都是全脂的。

肉類最好是採用有機的為佳。

關於大蒜，我用的是Microplane超細刨刀（fine-grade grater），在料理時，我通常將剝好的大蒜直接磨碎加入（不必拍打切碎），若你喜歡，當然也可用刀子切碎再加入。

若你沒有蛋糕探針（cake tester），我建議你效法義大利人，用一根乾燥直麵（Spaghetti）來測試。

關於特殊食材銷售處，可在我的網站查詢：**www.nigella.com**

PASTA

義大利麵

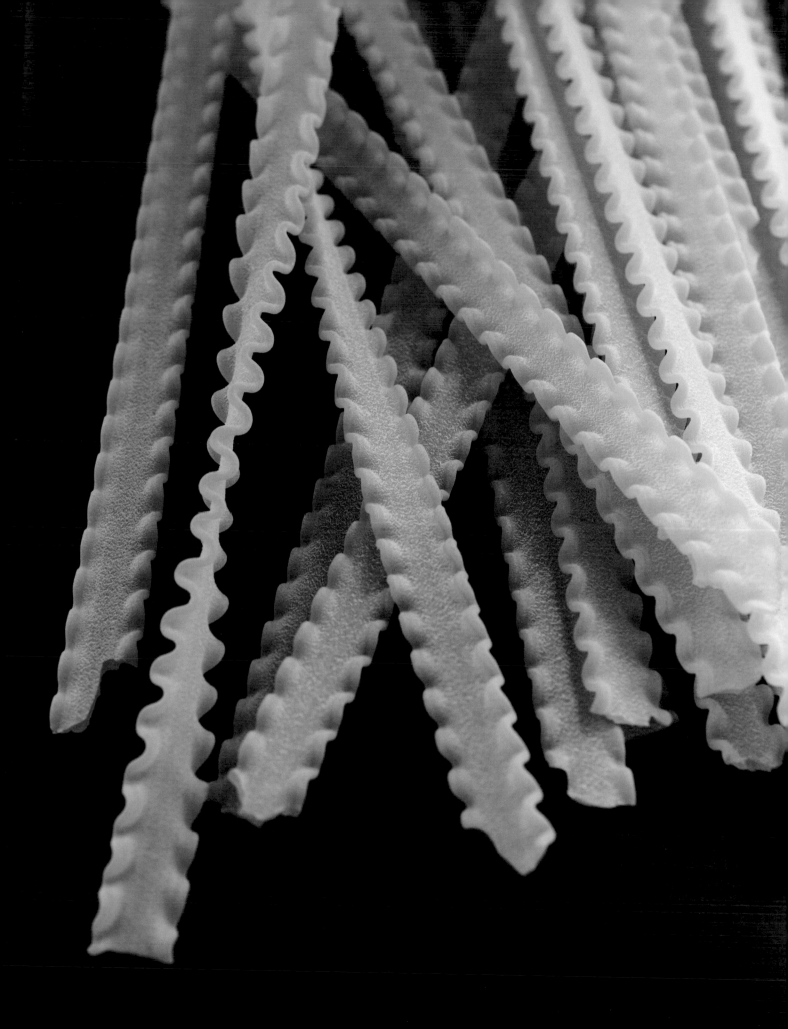

我看過好幾種版本的"特拉帕尼式麵醬pesto Trapanese"，這是源於西西里島特拉帕尼（Trapani）的義大利麵醬汁，它和另一種更廣受歡迎的熱那亞青醬（pesto Genovese）*頗為不同。最大的差異在於，加入醬汁的是磨碎的杏仁，而非松子－這種變化（和許多西西里食物相同）受到阿拉伯菜系的影響。

位於倫敦的義大利名廚兼餐館老闆－吉爾羅‧洛卡德里 Giorgio Locatelli *，在這道菜中選用的香草種類是薄荷；其他人則遵從義大利北方的習慣，採用羅勒（basil）；有些人則只用番茄、大蒜和橄欖油就夠了。以下的食譜則有巴洛克風（多變混合）的食材選擇，既然我的靈感源自西西里島，我覺得這再也恰當不過了。

在全義大利，你不會看到有人在含有魚類（或蒜味重）的義大麵上撒帕馬森起司（Parmesan），所以你必須意識到如果要加起司，可是犯了兩個大忌，除非你想用4大匙磨碎的佩戈里諾起司（pecorino）來取代鯷魚。

我喜歡長螺旋麵，它就像長長的金色捲髮（或是較不詩意的說法，像電話線－你可在**第49頁**看到它下鍋前的原狀），但若買不到，就簡單地以一般尺寸的螺旋麵（fusilli）代替（或是選擇任何你屬意的義大利麵）。

因為不再加熱醬汁，所以先將上菜的碗溫熱是明智之舉，然而我必須說，我個人倒愛極了將剩下的麵直接冷著享用。它的做法簡單，食材單純而味美，是我招待客人享用義大利麵的首選。

西西里義大利麵，番茄、大蒜和杏仁
SICILIAN PASTA WITH TOMATOES, GARLIC & ALMONDS

6人份 Ⓝ

長螺旋麵（fusilli lunghi）500公克，
　　或你屬意的其他種類義大利麵
煮麵水所需的鹽，適量
櫻桃番茄（cherry tomatoes）
　　250公克
鯷魚（anchovy）魚片（fillets）6片
金色桑塔那葡萄乾（golden
　　sultanas）25公克
大蒜2瓣，去皮
酸豆（capers）2大匙（2×15毫
　　升），瀝乾
去皮杏仁50公克
特級初榨橄欖油60毫升
羅勒（basil）1小束，僅取葉片，
　　約20公克，上菜用

燒大量水準備煮麵，待水沸騰後加鹽。加入義大利麵，依照包裝上的說明烹煮，但在預計煮熟時間的足足2分鐘前開始試熟度。

煮麵的同時來做醬汁，把羅勒以外的所有材料全放進食物調理機，以高速打成粗粒質地的醬汁。

瀝乾義大利麵前，取出1滿杯煮麵水，其中取出2大匙，加入食物調理機的漏斗內，邊加邊用跳打鍵（Pulse鍵）一按一停混合。

將瀝乾的義大利麵倒入溫過的碗中。把所有醬汁刮乾淨淋上去，混合均勻（視需要加些煮麵水），以羅勒葉點綴。∎

* 1. 熱那亞青醬pesto Genovese，使用羅勒製作所以又稱為青醬。2. 倫敦米其林二星餐廳Locanda Locatelli。

這是我最喜愛的義大利麵之一，但事先警告：它的賣相不像嚐起來那麼棒；這是一道能滿足脾胃但不宜拍照欣賞的麵食。要攫取櫛瓜的香甜絕妙滋味，滲透在義大利麵裡，就免不了被煮得爛糊黯淡。

我有點遲疑地用法文 courgettes 稱呼它，但我會更不好意思（在義大利與北美之外的地方）使用 zucchini。不管它們叫什麼，我是這樣準備的：先削掉一條一條的皮，使其呈條紋狀外觀（見**第22頁**的照片），再切丁。這習慣是遺傳自我媽，我可不期待你也繼承。所以削皮或不削皮、全削或削成條紋狀，隨你高興。

我喜歡手捲麵（casarecce），它字面上的意思就是「自製」，任何一家優秀的義大利麵製造商都有生產，十分普及，我家附近的超市都有賣。手捲麵的體型小，呈略為捲曲的管狀，管子的兩端沒有完全連接，帶有縫隙－這裡就可捕捉盛裝每滴濃郁美味的醬汁。另外一款名字較特殊的 strozzapreti（教士絞殺者），也帶有類似的特色。請不要因為不喜歡這兩款義大利麵的形狀，而推託不做這道麵食。我的義大利朋友毫不猶豫地建議你，可使用筆管麵（penne）或蝴蝶麵（farfalle）來做為替代品。

櫛瓜義大利麵
PASTA WITH COURGETTES

在鍋裡加滿水準備煮麵，水沸騰時，加入足量的鹽（或適量），加入手捲麵（依照包裝上的說明烹煮，但在預計煮熟時間的幾分鐘前試熟度），接著來煮醬汁。

把大蒜油和切好的青蔥，倒入底部厚實附鍋蓋的平底鍋，以中火加熱，拌炒1分鐘。

加入櫛瓜丁煮5分鐘，不時攪拌。

加入白酒（或苦艾酒），待其沸騰時加入2大匙切碎的巴西利，以鹽調味，轉小火，蓋鍋續煮5分鐘，此時櫛瓜應已十分軟爛。

瀝乾義大利麵之前，取出1滿杯的煮麵水。

瀝乾的義大利麵放回原鍋，加入爛煮過的櫛瓜，或把麵加到煮櫛瓜的平底鍋裡，再加入3大匙刨碎的帕馬森起司和4大匙煮麵水。充分混合且嚐一下味道，看看是不是要多加點起司、鹽、胡椒粉或煮麵水，然後拌入奶油和大部分的剩餘巴西利，分盛入2個溫過的碗裡，上桌時，撒上剩下的巴西利，需要的話，也可加上更多帕馬森起司。■

2人份
手捲麵（casarecce）200 公克
煮麵水所需的鹽，適量
大蒜油2大匙（2×15毫升）
青蔥4根，切細片
櫛瓜500公克（有機為佳），切細丁
不甜白酒（dry white wine）或
　苦艾酒（vermouth）60毫升
新鮮巴西利（parsley）1小束，
　切碎
刨碎的帕馬森起司（Parmesan）
　3大匙（3×15毫升），另備一些
　上菜時撒上（可省略）
鹽和胡椒粉適量
無鹽奶油2小匙（10公克）

儘管這道食譜並非道地義大利菜，它的靈感的確來自當地。「米蘭燉飯risotto Milanese」是我最愛的美食之一，它又稱為risotto giallo（即黃色燉飯yellow risotto）。我想如果義大利麵也可用類似的方法來做，或者至少可以做到口味接近，這就太完美了，並且做法非常簡單。以下就是我創出的版本：直麵沾裹著帶著蛋香、呈淡淡番紅花色、略帶起司味、質感濃郁的醬汁，簡直就是一碗燦爛的美味天堂。料理前請先翻到**第 xiii 頁**，閱讀讀者須知關於蛋的那一欄。

黃色直麵
YELLOW SPAGHETTI

2人份
番紅花花絲（saffron）¼小匙
馬莎拉酒（Marsala）3大匙（3×15
　　毫升）
直麵（spaghetti）200公克
煮麵水所需的鹽，適量
蛋2顆
刨碎的帕馬森起司（Parmesan）
　　4大匙（4×15毫升），另備一些
　　上菜用
濃縮鮮奶油（double cream）
　　2大匙（2×15毫升）
鹽和黑胡椒粉適量
軟化的無鹽奶油1大匙（1×15毫升）

燒大量水準備煮麵，同時把番紅花和馬莎拉酒放進你最小的平底深鍋裡（如融化奶油用的），當馬莎拉酒加熱到沸騰時離火，讓它泡著靜置。

當煮麵水沸騰時，撒上足量的鹽，加入直麵，依照包裝上的說明烹煮，但要在預計煮熟時間的2分鐘前開始試熟度。麵體要保有彈牙的口感（al dente），因為稍後放入醬汁裡加熱，熟度又會增加一點。

煮麵的同時來做滑順的醬汁，在小碗裡將蛋、起司和鮮奶油拌勻，撒入少許鹽和現磨黑胡椒。

瀝乾直麵前取出1滿杯煮麵水，把稍微瀝乾的麵放回原鍋，加入奶油，開小火，把奶油拌勻。在番紅花和馬莎拉酒的小鍋裡加入2大匙煮麵水，再倒進直麵鍋裡。立刻攪拌，使醬汁均勻滲透直麵裡，直到淺黃色的麵條轉變成較深的番紅花色澤；然後把鍋子離火。

現在把蛋、起司和鮮奶油的混合加入麵裡，輕巧但均勻地攪拌，嚐一下調味，然後分盛入2個溫過的碗或盤子裡。上菜時可附上一些刨碎的帕馬森起司。■

RAGOÛT是法文，RAGÙ是義大利文，這道肉醬麵的靈感來自正宗西西里風味－甘甜羊肉搭配乾燥野薄荷和辣椒碎片，但是我也添加了一點紅醋栗果凍（以及少許伍斯特辣醬Worcestershire sauce）增添英式風情。若你有閒情雅致，低溫煨煮會讓肉醬更有滋味，不過注意喔，我並沒有說「更好吃」。這道麵食本身就無懈可擊，同時是我迎接上班日的週日晚餐之一。

搭配這道食譜，我喜歡用寬麵（pappardelle）－寬緞帶狀而且含蛋量高，不過mafaldine（如圖所示的拿坡里捲邊麵），好似盛裝打扮參加舞會的寬麵，更令我打從心底高興得唱起歌來。

捲邊義大利麵佐羊肉醬
CURLY-EDGED PASTA WITH LAMB RAGÙ

在大鍋裡加滿水準備煮麵；接著在附鍋蓋、底部厚實的小鍋裡把大蒜油燒熱，拌炒長型紅蔥2分鐘。

撒入香草和辣椒，在熱鍋裡再拌一下，然後加入羊絞肉煮幾分鐘，用木鏟或木匙拌炒，把絞肉推散分開，煮到粉紅肉色稍微不見的半熟。

加入番茄、紅醋栗果凍和伍斯特辣醬，以少許鹽和胡椒粉調味，允分攪拌，加熱到沸騰，然後半掩鍋蓋，煨煮（simmer）20分鐘。

查看義大利麵包裝上的說明，在適當的時間把鹽加到水裡開始煮寬麵，確保在預計煮熟時間的幾分鐘前試熟度。煮好後，不用瀝得太乾，把麵放回鍋裡，加入羊肉醬拌勻。上菜時把新鮮薄荷（有的話），撒在溫熱過碗裡的麵上。■

2人份
大蒜油1½大匙（1½×15毫升）
長型紅蔥（echalion or banana
　　shallot）1顆，切碎
乾燥薄荷1小匙
乾燥奧勒岡（oregano）1小匙
乾辣椒片¼小匙
羊絞肉250公克
番茄罐頭1罐（400公克），切碎
紅醋栗（redcurrant）果凍2小匙
伍斯特辣醬（Worcestershire
　　sauce）1½小匙
鹽適量，另備煮麵水所需的量
現磨黑胡椒
捲邊麵（mafaldine）200公克，
　　或寬麵（pappardelle）
新鮮薄荷，上菜用（可省略）

這道菜名也許會讓你聯想到蘇斯博士 Dr. Seuss* 吧（就只差沒有跳躍的韻律）！不過它還真是如義大利人說的："sul serio"名符其實。「綠」色主題並非關鍵，但我碰巧手邊有菠菜色的粗短陀螺麵（trottle）－這麵因為看起來像陀螺（雖然我看不出來）而被這樣命名－讓我覺得用這種綠色的義大利麵還挺搭配的。機緣巧合只是故事的一部分：我向來也對義大利麵和藍紋起司挺有感覺的，喜歡單用，也喜歡把它們搭配在一起。這道食譜，可說是我快速精選食譜（Quick Collection app）裡「義大利麵，戈根佐拉起司、芝麻葉和松子 Pasta with Gorgonzola, Rocket & Pine Nuts」的進化版，你可以在這兩個版本之間自由加減變換。這裡的版本，主要的特色是我覺得應該要－或說是突發奇想－在深綠色的義大利麵上撒些淺綠色的開心果。還有，因為把一點煮麵水拌入起司就可使醬汁濃稠滑順，所以我沒有像以前那樣加法式酸奶油（crème fraîche）或馬斯卡邦起司（mascarpone）。這並非出於節食的立場，而是煮麵水不會稀釋戈根佐拉起司（Gorgonzola）的強烈風味。

若是買不到陀螺麵（trottle）或相似波紋狀、像小散熱器的風葉麵（radiatori），別頹喪。我雖然熱愛隱約但強烈的醬汁緊緊攀住麵的凹凸形狀，使用捲曲的螺旋麵（fusilli），仍能達到一些效果。

綠色義大利麵和藍紋起司
GREEN PASTA WITH BLUE CHEESE

飢餓的 2 人份

綠色陀螺麵（trottle verde）250
　　公克，或任何屬意的捲褶義大利
　　麵（見上述）
煮麵水所需的鹽，適量
重味戈根佐拉起司（Gorgonzola
　　piccante）125公克，捏碎或切碎
嫩菠菜葉100公克，或沙拉用菠菜葉
現磨胡椒粉，可能的話，比日常用
　　略粗粒
切碎的開心果（pistachio）3大匙
　　（3×15毫升）

在鍋裡燒水準備煮麵，沸騰後加鹽，再加入義大利麵，依照包裝上的說明烹煮，但要在預計煮熟時間的3分鐘前開始試熟度。一定要很彈牙（al dente），因為做醬汁時還會繼續將麵加熱。

瀝乾義大利麵之前，取出1滿杯煮麵水，把瀝過的麵放回熱鍋裡，倒入2大匙煮麵水、碎起司和嫩菠菜葉，和足量的粗磨黑胡椒粉。蓋鍋熄火、置爐上2分鐘。

取下鍋蓋，轉回小火，把義大利麵、起司和菠菜拌勻，還有適量的煮麵水（我發現總共100毫升剛剛好），煮到起司融化成淡淡的醬汁且菠菜葉軟化。

熄火，和約⅔的開心果碎拌一拌，再分盛入2個溫過的碗裡，每個碗裡撒上剩下的開心果碎。立刻享用。∎

＊美國著名的漫畫童書作者。

有時候，我就是瘋狂想念著老式的義大利麵，就是那種裹著濃郁的醬汁、搭配著滑順的麵條。這道食譜在於慰藉人心，但這不表示我喜歡它淡而無味，我可是想到馬莎拉酒浸泡過的牛肝蕈（porcini）所帶來的深蘊芳醇美味，便不禁歡呼雀躍。更重要的是，義大利麵、帕馬森起司（Parmesan）、牛肝蕈、馬斯卡邦起司（mascarpone）（在冰箱的保存期限很長）和馬莎拉酒，都是我廚房裡的常備品，所以我知道最多15分鐘，就能準備好一頓美妙飽足的晚餐。

我心裡有數，麵條裡的含蛋量和醬汁中的濃稠感，用250公克緞帶麵來準備2人份是毫不優雅的超大份量，但一包麵通常就是250公克裝，餘下50公克在包裝感覺有點愚蠢。

順帶一提，若你不用含雞蛋的麵（它比較快熟），就要先煮麵，在麵沸騰的同時再做醬汁，和下面的步驟不同。

緞帶麵，蘑菇、馬莎拉酒和馬斯卡邦起司
FETTUCCINE WITH MUSHROOMS, MARSALA & MASCARPONE

2人份
乾燥牛肝蕈（porcini）15公克
馬莎拉酒（Marsala）60毫升
清水60毫升
馬斯卡邦起司（mascarpone）
　　125公克
現磨肉豆蔻粉（nutmeg）
現磨胡椒粉
新鮮巴西利（parsley），切碎2大
　　匙（2×15毫升），另備一些上菜
　　用（可省略）
煮麵水所需的鹽，適量
雞蛋緞帶麵（fettuccine）或寬扁麵
　　（tagliatelle）250公克，
無鹽奶油1大匙（1×15毫升），
　　15公克
大蒜1小瓣，去皮
刨碎的帕馬森起司（Parmesan）
　　4大匙（4×15毫升）

將牛肝蕈量好需要的份量，倒入一個小鍋內，如同用來融化奶油的那種。倒入馬莎拉酒和水，開火，煮到沸騰。一旦沸騰便熄火，靜置至少10分鐘。然後燒水準備煮麵。

把馬斯卡邦起司放入一個碗裡，加入足量的現磨肉豆蔻粉和胡椒粉，當牛肝蕈浸泡好時，進行過濾，讓滲有菇味的馬莎拉酒倒入馬斯卡邦起司。以攪拌器或叉子混合均勻。

把牛肝蕈裡的水分擠到碗裡，再把它們移到砧板，擺上巴西利，用香草刀（mezzaluna）一起切碎。

此時煮麵水應該沸騰了，加入鹽和緞帶麵。然後立刻著手做醬汁。

在中式炒鍋裡或類似的寬鍋裡把奶油燒熱，刨入大蒜（或切碎後加入），邊煮邊攪拌30秒，再混入切碎的牛肝蕈和巴西利，煮個幾分鐘。拌入馬斯卡邦起司碗裡的材料，邊攪拌邊加熱到沸騰，應該不到1分鐘的時間。熄火。

瀝乾麵時保留1小杯煮麵水，把瀝乾的麵加到牛肝蕈起司平底深鍋裡，拌勻，可隨喜好添點煮麵水稀釋醬汁濃度。

現在加入帕馬森起司，再度攪拌；最好先加2大匙，再視口味添加剩下的2大匙。當然，要確認鹹淡。

分盛入2個溫過的碗裡，隨喜好在上頭撒些切碎的巴西利。■

起司通心麵是最典型撫慰人心（comfort-food）的晚餐；這個版本比幼稚園必備的餐點做法還簡單，美味卻比常見的起司通心麵更上層樓。起司醬幾乎是隨手可成的：無需做油糊（roux）*基底，只要把刨碎的起司和玉米粉（cornflour）混合，拌入以酒提味的雞高湯即可。我可要好好地感謝大廚赫斯頓‧布魯門索（Heston Blumenthal）傳授這個方法。高湯基底讓醬汁（含有3款起司和松露奶油或松露油）不會變得太濃稠；小份量也有所助益。我決定用小烤盅（ramekins）來烤，起先是因為想要縮減烹調時間，絕對不是裝模作樣。事實上，我向來避免用單人份的方式烹煮，覺得不太適合居家用餐。在這裡它倒是有不錯的效果：看起來可愛、帶來令人滿足的口味且時髦別緻。當然啦，部分原因是小筆管麵（pennette）的功勞－像是美麗小精靈般的筆尖－要是買不到，也可用小小隆起新月般的小彎麵（chifferi），或直接用普通的通心麵（macaroni）代替。

義大利式迷你起司通心麵
MINI MACARONI CHEESE ALL'ITALIANA

烤箱預熱至200℃／熱度6，或轉開炙烤架（grill）。在烤盅內側塗滿奶油，在爐上擺一鍋水準備煮麵。等水煮開的空檔，在碗裡把刨碎的格魯耶爾起司和玉米粉稍加攪拌。把莫札瑞拉起司切碎，靜置一旁讓多餘水分滲出。

水沸騰後加鹽，把筆管麵煮到比一般彈牙（al dente）略硬：閱讀包裝上的說明，在預計煮熟時間的3分鐘前開始試熟度。

同時，把苦艾酒（或白酒），在夠大的平底深鍋（要能裝下待會煮好的義大利麵）裡燒熱，沸騰後加入雞高湯。加熱到再度沸騰後離火，拌入混合玉米粉的格魯耶爾起司。起司會融化呈黏糊、牽絲狀。

把馬斯卡邦起司加到鍋裡，繼續攪拌，再加入松露奶油（松露醬或松露油）－慢慢地分次倒入並嚐味道－攪拌至醬汁混合。

把煮好瀝乾的義大利麵加到醬汁裡，拌勻，讓醬汁裹滿義大利麵。丟入切碎的莫札瑞拉起司，再攪拌到充分混合。

把裹滿起司醬汁的義大利麵舀到烤盅裡，儘可能地讓每個烤盅的麵和醬汁等量。醬汁看起來似乎含有大量水分，但不用擔心，烤箱裡的義大利麵將吸收許多水分。將帕馬森起司平均地撒在6個烤盅上，再磨上足量白胡椒粉。若你只有黑胡椒粉也無妨。這是（我個人）對美感而非味道的要求。

在烤箱裡烤10分鐘，或用炙烤架（grill）烤到表面呈金黃色，取出後靜置至少5分鐘再上桌。∎

6人份（直徑8.5公分烤盅 ramekins）Ⓝ
軟化奶油適量，塗抹烤盅用
格魯耶爾起司（Gruyère）100公克，刨碎（grated）
玉米粉（cornflour）1大匙（1×15毫升）
莫札瑞拉起司（非水牛乳）（mozzarella）1球，瀝乾重量125公克，切碎
小筆管麵（pennette）200公克，可以小彎麵（chiefferi）或通心麵（macaroni）代替
煮麵水所需的鹽，適量
不甜苦艾酒（vermouth）或白酒60毫升
雞高湯300毫升
馬斯卡邦起司（mascarpone）50公克
松露奶油（truffle butter）1小匙，或松露醬（paste）1小匙、或松露油幾滴
刨碎的帕馬森起司3大匙（3×15毫升）
現磨白胡椒粉適量

＊油糊（roux）：指用油脂（奶油、融化的動物脂肪、蔬菜油）拌炒麵粉成糊，用以稠化湯類或醬汁，著名的貝夏美醬（béchamel，又稱白醬）即以奶油和麵粉烹製成油糊，再加入牛奶製成。

心知肚明這是道得在烤箱裡待上一個小時的料理，乍看之下似乎不合乎「速捷」這個定義，但我可沒賴皮。所有事物都是相對的，因為無須製作白醬white sauce（要先作油糊＊並耐心攪拌），讓製作倍覺快速簡單。肉醬只要5分鐘就完成，千層麵麵皮也是用現成的（不需預先水煮），再放入含大量水分的番茄肉醬裡烹煮。這道食譜承蒙一位義大利卡拉布里亞區（Calabria）的「線民」提供，在當地，使用熟火腿片和全熟水煮蛋是標準千層麵做法。

我必須承認如果自己擀皮，使千層麵薄到可看到另一面的報紙，口感自然清爽入口即化。但這個版本仍然具有舒適安心的濃厚家居味，作法也簡單。它的高澱粉量（你真的可以嚐到層層相疊的麵皮），成為我家裡最受喜愛的一道餐點：一桌子的青少年可輕而易舉解決。因此它也是絕佳的宴客食物：我想不出有比它更適合吸收多餘酒精的東西了！（冷食同樣精彩，最佳宿醉解藥。）若要做成素食版本，將水煮蛋的份量提高到6個，莫札瑞拉起司球增加到4個，再拌入幾罐番茄罐頭來取代肉醬。因為少了肉醬撐塞麵皮間的空隙，口感會較紮實，但請勿因而卻步。當然也可增加起司的份量－或許也可添加口感強烈的起司。不要被誘惑使用水牛乳製的莫札瑞拉起司（buffalo mozzarella）：不只浪費錢，價格較低的普通莫札瑞拉起司融化時比較不會牽絲。

速捷卡拉布里亞千層麵
QUICK CALABRIAN LASAGNE

烤箱預熱至200℃／熱度6。把蛋放入注滿水的鍋裡煮開，任其沸騰續煮7分鐘，再把水倒掉，然後把整鍋放在大開的自來水下；關水後，把盛滿冷水的鍋子擺在水槽中，讓蛋降溫到不燙手即可剝除蛋殼。

在附鍋蓋、底部厚實的平底鍋裡把油燒熱，加入洋蔥、撒上鹽煮幾分鐘，直到洋蔥變軟。

加入肉，翻炒至血色盡除變成棕褐色。

加入紅酒（或苦艾酒），接著是新鮮番茄泥，把水倒進空罐或紙盒內旋轉沖洗後再倒入鍋裡。沸騰後蓋上鍋蓋，續煮5分鐘。

把蛋去殼後切薄片（將會碎成一團糟），也把莫札瑞拉起司切薄片；取一個內側塗了橄欖油的千層麵盤（約34×23×6公分），放在烤盤上，然後開始組裝儀式！

首先，舀差不多一大杓稀糊的肉醬到千層麵盤底部當襯底，放上一層千層麵皮（約總量的¼）蓋住醬料，稍微重疊沒關係。

再加入一大杓肉醬，就只是要把麵皮浸濕，再放上入一層火腿片（約總量的⅓），然後加入⅓的蛋和⅓的莫札瑞拉起司片。

現在放入第二層千層麵皮，（約總量的¼），接著是幾大杓肉醬，隨後又是⅓的火腿片、⅓的蛋和⅓的莫札瑞拉起司片。

重複一層千層麵皮（約總量的¼）、2大杓肉醬，接著是剩下的火腿、莫札瑞拉起司片，和最後一層的千層麵皮。

倒上剩餘的肉醬，撒上帕馬森起司，封上鋁箔紙（務必封緊四周），將千層麵盤連同烤盤放入烤箱，烤一小時。

一小時後，掀開鋁箔紙，露出沙皮狗似的義大利麵皮，用刀尖插入，檢查是否煮軟了（若不是，蓋回鋁箔紙，送回烤箱再烤10分鐘），然後不封口，靜置15~20分鐘（若我忍得住或有時間，可以等上二小時，我更喜歡以接近室溫的狀態下享用），切成超厚片上桌。■

6-8人份
蛋4顆
橄欖油2大匙（2×15毫升），另備
　　一些塗抹烤盤用
小型洋蔥1顆，去皮切碎
海鹽1小匙或細鹽½小匙，或適量
牛絞肉500公克
紅酒或苦艾酒（vermouth）60毫升
新鮮番茄泥*（tomato passata）
　　1公升，另備清水1公升
莫札瑞拉起司（非水牛乳）
　　（mozzarella）2球，每球瀝乾重
　　量125公克
千層麵麵皮（lasagne sheets），
　　500公克（乾燥非新鮮的）
熟火腿薄片350公克
刨碎的帕馬森起司4大匙（4×
　　15毫升）

---

*1. 油糊（roux）：指用油脂（奶油、融化的動物脂肪、蔬菜油）拌炒麵粉成糊，用以稠化湯類或醬汁，著名的貝夏美醬（béchamel，又稱白醬）即以奶油和麵粉烹製成油糊，再加入牛奶製成。2. 新鮮番茄泥（tomato passata）：去皮去籽、未經烹煮調味的番茄碎泥（或碎塊），此名詞源於義大利，通用於歐洲，美式稱法為 tomato purée 或 tomato pulp。

在義大利南部，將煎或烤過的鹹味麵包屑稱為"il Parmigiano dei poveri"－窮人的帕馬森起司。近來，許多高級餐廳想盡辦法把麵包屑添香加味，撒在價格高昂的義大利麵上，如此也毫不侵犯其背後歷經洗禮、彌足珍貴的農民傳統。我向來珍惜物資，不願輕易把食材丟到垃圾桶。並不是說麵包屑不能用買的（只要不是那種桶裝，質地異常細碎、顏色偏橘的即可），但特意採買麵包屑，來做這原意是要善用廚餘的食譜，讓我有點過意不去，即使我也不是沒這樣做過。

原則就是，只要手邊有不新鮮的舊麵包，就可做成麵包屑。把麵包屑收在密封袋中，低溫冷凍，隨時可拿出來使用，而無須解凍。我也不是絕對遵守舊傳統的老古板：我會用食物調理機，而非磨碎器（grater）來磨碎麵包。有關麵包屑的最後注意事項，即計量時我建議你用容量而非重量計算。每批麵包屑的密度並非一致，因此烹調時，我用量杯計算，為了使你寬心我也標上重量。話說回來，以這道食譜來說，精確的用量真的不那麼重要。

細直麵，檸檬、大蒜和麵包屑
SPAGHETTINI WITH LEMON & GARLIC BREADCRUMBS

燒水準備煮麵，開始沸騰時撒上足量的鹽。加入細直麵，用煮麵杓或其他適當器具攪拌，依照包裝上的說明煮麵，但要在預計煮熟時間的2分鐘前試熟度。

在不沾煎鍋裡把1大匙烹煮用橄欖油燒熱，加入檸檬果皮；它將會嘶嘶作響、飄出香味。此時加入麵包屑，在熱鍋中翻炒，直到炒成金黃色。立刻移到冷盤子上。

很重要的步驟：瀝乾義大利麵前取出1滿杯煮麵水。我常常提到這點，事實上幾乎每次都提，在這道食譜中，這可是關鍵重點。

把瀝乾的義大利麵放回煮麵鍋，加入特級初榨橄欖油和半量的檸檬汁，攪拌混合直到大部分的液體被吸乾。加入乾辣椒片和適量的鹽，刨入大蒜（或切碎後加入）再度攪拌，接著加入一些煮麵水使其融合成流動閃亮的醬汁。調味後嚐味道，看看是不是需要加入剩下的檸檬汁。

把切碎的巴西利拌入炒好的麵包屑，再把大部分的巴西利麵包屑加到麵裡，充分混合。

分盛入2個溫過的碗裡，各撒上剩下的檸香巴西利碎麵包屑。■

2人份

細直麵（spaghettini）200公克
煮麵水所需的鹽，另備海鹽1小匙或
    細鹽½小匙，或適量
烹煮用橄欖油（regular oilve oil）
    1大匙（1×15毫升）
未上蠟的磨碎檸檬果皮（zest）和
    果汁1顆
麵包屑½杯，約50公克
特級初榨橄欖油2大匙（2×15毫升）
乾辣椒片¼小匙
大蒜1小瓣，去皮
胡椒粉 適量
巴西利（parsley）1小束，
    約20公克，切碎

沒有一種蔬菜湯（minestrone）我不愛，但綠色蔬菜湯－它超脫於番茄－是我的至愛。以下食譜的步驟十分簡單，但成果可不小：少量的削切工作，卻可做出餵飽許多人的大份量。

在跳入食譜前，有幾個重要提醒。我有特別標示櫛瓜應削去一半的皮，意思是，用削皮器把櫛瓜皮刨成一條一條的，使其呈現深綠和淺綠條紋相間（見下圖）。我之前也提過，你不必照做，但這是我媽向來削櫛瓜的方式，我不做他想。至於其他蔬菜，你真的可以自由選擇，把我的版本當作參考即可。依比例來說，每1公斤蔬菜應配上大約1.5公升的清水。

上班日的晚上，大多不會招待訪客，因此可以將份量減半，不過還是可用整顆馬鈴薯，畢竟留下半顆慘白的馬鈴薯在冰箱裡閒晃毫無意義。但不要急著縮小份量：當小餛飩在湯裡冷卻浸泡一兩天後，這鍋湯麵會變得更濃郁，以小火徹底加熱，可以再度享受這些美味更加凝聚的柔軟湯餃。

小餛飩蔬菜湯
TORTELLONI MINESTRONE

8人份 Ⓝ

大蒜油3大匙（3×15毫升）

新鮮百里香（thyme）數枝，僅取葉
　　片，或1小匙乾燥百里香

冷凍小碗豆（petits pois）400公克

韭蔥（leek）2根，共200公克，
　　縱向對切後切細片

烘烤用粉質馬鈴薯（baking potato）
　　1顆，約250公克，去皮切成小丁

芹菜1根，切成小丁

大型櫛瓜（courgette）2根，約共
　　425公克，把表片刨成條狀，切
　　成小丁

四季豆（green beans）200公克，
　　撕去莢沿粗纖維，切成小段

冷水2公升

海鹽2小匙或細鹽1小匙，或適量

罐頭坎尼里尼白豆（cannellini）*或
　　嫩法國白豆（flageolet beans）*
　　2罐，每罐400公克，瀝乾並洗淨

菠菜瑞可達起司餛飩（spinach-
　　and-ricotta tortelloni）（可在
　　超市冷藏區買到）500公克

羅勒（basil）1小束，僅取葉片，
　　約20公克

刨碎的帕馬森起司2大匙（2×
　　15毫升）

在附鍋蓋、底部厚實的平底鍋裡把油燒熱，加入白里香攪拌。

加入豌豆，在大蒜油裡拌炒，加入準備好的韭蔥、馬鈴薯、芹菜、櫛瓜和四季豆，在熱鍋裡拌炒。

倒入水，加上鹽，蓋上鍋蓋煮到沸騰（要隨時注意，其實是豎耳傾聽沸騰時刻），取下鍋蓋讓所有食材繼續沸煮10~15分鐘，或直到蔬菜變軟（尤其是馬鈴薯）。現在可以讓這鍋湯靜置一旁：若要在一小時內上菜，我會蓋上鍋蓋保溫，否則最好讓它快速冷卻後再重新加熱。

舀取3大杓的蔬菜湯，盡量讓蔬菜比液體多，倒入果汁機（blender）的長杯裡（若用手持式攪拌棒，就倒入一個大碗裡），置旁備用。

把沖洗瀝乾的坎尼里尼白豆或嫩法國白豆，加到鍋裡煮滾，再加入小餛飩再度煮開。熄火。

把羅勒和帕馬森起司加入果汁機或碗裡的蔬菜湯中，一起打碎成鮮綠色菜泥，然後倒回鍋裡，拌入湯裡混合。靜置10~15分鐘後再上菜。■

＊1.坎尼里尼白豆（cannellini）：小型白豆的一種，口感鬆軟，略帶堅果味，流行於中義和南義，尤其是托斯卡尼（Tuscan），別稱白腰豆。2. 嫩法國白豆（flageolet beans）：未完全成熟的法國白豆，色呈粉綠、質地圓潤、品味細緻，有豆中魚子醬之稱。

傳統上，義大利僅有一道正統的全麥麵食，即來自威尼斯的 bigoli in salsa：粗糙的黃褐色直麵，配上充滿大地氣息的洋蔥鯷魚醬。我現在端詳下面食譜，雖然靈感來自西西里式麵醬（和**第2頁**相似，但沒有番茄），其實和上述威尼斯式醬汁很像。如此使得我的別緻配方好似南北義料理非正統的結合－雖然歷史上，威尼斯和西西里島有不少共通特質，包括這兩道食譜裡可看到明顯的摩爾（Moorish）風格－其配方還是頗令人信服。我非常高興看到蘇菲亞羅蘭（La Loren）在她的書裡《Recipes and Memories》，編寫了相似的食譜－與她同名的「Linguine con salsa Sophia」。

我在此用的是斯佩耳特小麥（spelt）直麵，如包裝所示，但有時也用義大利的法若小麥（farro）直麵，其樸拙的質地和鯷魚橄欖的鹹嗆味頗為搭配。事實上，它含蓄的煙燻味搭上風味較內斂的醬汁，也不會喧賓奪主。你也可選用某些一般種類的全麥義大利麵，至少在這道食譜可行，但得挑選高品質的義大利品牌，否則可能有稠膩滯脹、難以消化的風險。

這裡所做的類青醬醬汁，份量極少，因此需要使用手持式攪拌棒（stick blender），一個價格廉宜且不可或缺（對我而言）的小道具，除非你的食物調理機附有可組裝的小容器則另當別論。當然，若用傳統方式製作，可使用杵槌和研缽，如果你手邊有且願意使用，盡管忽略我之前建議的器具配備，享受十指油膩雙肘痠痛，但風味道地的成果。

這裡要用到的鯷魚量似乎很大。是的，的確不少。但對那些熱愛鯷魚的人來說，沒得抱怨；而對鯷魚心生恐懼者，會覺得減少一半的份量都嫌太多。

最後，我必須說斯佩耳特小麥麵，像蕎麥麵（soba noodles），也很適合冷食，所以剩菜可做隔日午餐。在冰箱裡可保存2天。

斯佩耳特小麥直麵，橄欖和鯷魚
SPELT SPAGHETTI WITH OLIVES & ANCHOVIES

2人份
斯佩耳特小麥直麵（spelt
　　spaghetti），或法若小麥直麵
　　（di farro）200公克
煮麵水所需的鹽，適量
去核綠橄欖10顆
罐（瓶）裝鯷魚（anchovy）魚片
　　10片，瀝乾
大蒜1瓣，去皮略切

▶

燒一鍋水準備煮麵。煮開時撒上足量的鹽，加入義大利麵；我的斯佩耳特小麥直麵的烹煮時間為8~9分鐘，所以我的定時器設7分鐘，之後開始試熟度。

做醬汁，把橄欖、鯷魚、大蒜、松子、巴西利、檸檬皮、果汁和橄欖油放入小碗裡，用手持式攪拌棒（或在你的食物調理機的迷你小碗裡）打碎。不用擔心少數幾個未打碎的松子或橄欖；樣子其實挺迷人的。

瀝乾義大利麵之前取出1滿杯澱粉水，立刻加入2大匙到醬汁碗裡，然後再快速打碎一次，使材料均勻混合。

把瀝乾的義大利麵放回鍋裡，把醬汁倒上去，拌勻，若要醬汁多一點水分，可再加點煮麵水。

適量調味 – 你可能想加胡椒粉或多點檸檬汁，但我覺得鹽是不需要的 – 再拌一下，然後分盛至2個溫過的碗或盤子中。■

松子2大匙（2×15毫升）

巴西利（parsley）1小束，僅取葉片，約20公克

未上蠟的磨碎檸檬皮屑（zest）和果汁 ½顆

橄欖油60毫升

胡椒粉（可省略）

那些不熟悉黑色義大利麵（spaghetti al nero）的黑暗魅力者，注意喔，我開門見山地說，這可不適合在第一次約會時享用：這裡的醬汁是邪惡的墨汁黑，我只和同好者共享，可不願一般人看到我的吃相。這道菜不是非要用黑色直麵來做（看起來像從壞心腸的萬聖節整人盒蹦出來的），反正醬汁會裹覆浸染任何種類的麵條，但既然我從喜愛的義大利熟食店買到一些黑色方形直麵 tonnarelli（長得像直麵，只不過是方形而非圓形），我想何不強化這雙重黑色魅力呢。

我承認4袋墨魚汁（可自魚販或網路購得），是不少的份量，但除了口味外，我也要醬汁夠黑。嗜辣者的乾辣椒片可無限增量。我覺得罐頭聖莫札諾（San Marzano）番茄－我在網上成箱購買囤積－是美味關鍵。這個品種我向來優先考量選用，但在這道食譜裡，我幾乎會說非它不可，一般罐頭番茄的酸刺味會壓制墨魚汁細緻微妙的海味。

總而言之，這道麵可算是使用食物櫃材料，可做出最簡單而具異國風的常備料理：一把直麵、一罐番茄、幾袋墨魚汁、大蒜、一小口紅色苦艾酒（vermouth）和一小撮乾辣椒片（沒有新鮮巴西利無所謂），就可做出一道風味濃烈而味美的晚餐。

直麵黑色會
BACK-TO-BLACK SPAGHETTI

2人份

墨魚汁直麵（spaghetti），或普通
　　直麵 200公克
煮麵水所需的鹽，適量
橄欖油1大匙（1×15毫升）
乾辣椒片¼小匙，或適量
大蒜1瓣，去皮
新鮮巴西利碎（parsley）2大匙
　　（2×15毫升）
罐頭去皮聖莫札諾番茄（San
　　Marzano）1罐，400公克，瀝乾
　　切碎
不甜紅苦艾酒（vermouth）60毫升
墨魚汁（squid ink）4袋*
鹽和胡椒粉適量
新鮮紅辣椒1根，切碎（可省略）

燒水準備煮麵，當水沸騰時加入適量的鹽。加入直麵用煮麵杓或類似器具攪拌，依照包裝上的說明煮麵，但要在預計煮熟時間的2分鐘前試熟度。

煮麵的同時可把醬汁做好。把橄欖油和乾辣椒片加入中型鍋裡，刨入大蒜（或切碎後加入），轉中火，邊攪拌到開始嗤嗤作響。立刻拌入切碎的巴西利。

加入瀝乾且略切的番茄，在熱鍋裡攪拌混合。加入不甜紅苦艾酒，邊攪拌直到沸騰，維持這樣的火侯煨煮（simmer）3分鐘；湯汁會收乾一些。

熄火，（我戴著CSI風格的乙烯基手套）把4袋濃濁的墨魚汁擠到鍋裡，直到你面前出現黑不可測、充滿誘惑的黑色醬汁。

瀝乾直麵之前預留1滿杯煮麵水，把瀝乾的麵加入黑色醬汁裡，拌勻，若你想要醬汁多點水分可再加入一兩匙煮麵水。分盛入2個溫過的盤上或碗裡，撒上碎辣椒（惡魔式的成品），或者再撒些巴西利。■

*一般販售墨魚汁每份有4袋，每袋4公克。

以海鮮醬汁而言，我向來是狂熱反番茄陣線聯盟的一份子，我喜歡蛤蜊直麵（spaghetti alle vongole）和類似的菜色完全保持白色（in bianco）不含番茄（此刻我應該請你查閱我另一本著作《Kitchen》裡的「快速花枝義大利麵 Quick Calamari Pasta」，其醬汁就是用大蒜、辣椒快炒墨魚圈，再澆上一些白酒）。這道食譜並非要和我之前的喜好劃清界線，只不過，我發現我現在也開始熱情擁護較不優雅的南方風格紅醬。我愛極了這道熾烈濃郁的茄味墨魚麵。像**第76頁**的「香腸，豆子和甜椒」，充滿老派黑手黨大餐驕傲自負、豪爽不羈的風格，令人意外的是，這竟是來自北義，出自冷靜沉穩而優雅的安娜戴康堤 Anna Del Conte＊之手。

墨魚直麵
SQUID SPAGHETTI

在大鍋裡燒水準備煮麵。

在底部厚實的平底鍋（須可裝下所有直麵）裡把油燒熱，加入長型紅蔥、撒點鹽，用中火邊煮邊攪拌幾分鐘。

把火稍微轉小，刨入大蒜（或切碎後加入）、撒入3大匙切碎的巴西利和乾辣椒片，攪拌30秒，然後加入罐頭番茄。

加入白酒（或苦艾酒），加熱到沸騰後煨煮（simmer）10分鐘，直到醬汁稍微收乾。

同時，可開始在煮麵水裡加鹽煮麵了，或者在此暫停，等到需要時再重新加熱醬汁。

依照包裝上的說明煮直麵，但要在預計煮熟時間的2分鐘前試熟度，別忘了先取出一滿杯煮麵水後才可把麵瀝乾。

當醬汁煮10分鐘後，拌入準備好的墨魚，當醬汁再度沸騰時，墨魚應該軟嫩且煮透，但還是要檢查一下。

在醬汁裡加入2大匙預留的煮麵水，加入瀝乾的直麵，如果你覺得醬汁的水分要多一點來沾裹麵條，就多加點煮麵水。上桌時再撒點巴西利（但不要加起司）。■

4人份 Ⓝ

大蒜油3大匙（3×15毫升）
長型紅蔥（echalion or banana
　shallot）1顆，去皮切碎
鹽適量
大蒜1瓣，去皮
切碎的新鮮巴西利（parsley）約
　3大匙（3×15毫升），另備一些
　上菜用
乾辣椒片½小匙
碎粒番茄罐頭1罐，400公克
不甜白酒或苦艾酒（vermouth）
　125毫升
直麵（spaghetti）300公克
洗淨的墨魚450公克，身體切成圈
　狀、觸鬚切成一口大小

＊極富盛名義裔飲食作家與食譜作者。

這道食譜的血統並不純粹：我想恐怕以安娜戴康堤 Anna Del Conte* 不以為然的看法而言可稱它為"Britalian 英國的義式風格"。但我仍捍衛它的價值，因我強烈相信經由誠實演化而來的食物，可以正大光明地亮相。其靈感來自美味的「沙丁魚義大利麵 pasta con le sarde」，一道由沙丁魚、酸豆、黑色或金色葡萄乾（這些都是摩爾文化的影響）和野茴香做成的傳統西西里麵食。我想要做一個快速上菜的版本，材料從家裡的食物櫃就可找到，而不是遠至地中海。罐頭沙丁魚就是不對我的味，至少在這道菜行不通，但英式食物櫃裡常見的燻鯖魚，正可派上用場。在這裡－廚事上並非經常如此－幸運之神的確眷顧勇於嘗試者。蒔蘿（dill），我覺得是一種（離開斯堪地納維亞半島後）太被忽視的香草，正可取代必備的野茴香。

可以肯定的是，這絕對不是 pasta con le sarde。但食材本身滋味諧調，更重要的是，它令人食指大動。而且食材多是食物櫃裡唾手可及的，這種方便的常備菜永遠不嫌多。

如果你認識細心的魚販樂意幫你剔除所有的小魚刺，那就儘管用新鮮鯖魚吧！加入馬莎拉酒（Marsala）前，很快地先在鍋裡炒一下，等醬汁沸騰一會兒後再分成片狀。不過這只是建議而已；我很樂意維持我對燻鯖魚的選擇。

我承認，將鹽漬酸豆（salted capers）在冷水裡泡個幾回後瀝乾，的確比那些酸漬酸豆（in vinegary brine）更加鮮活開胃，但我就常常偷懶地將手伸向玻璃罐。長型紅蔥很容易去皮和易煮快熟，在忙碌的夜晚或壓力籠罩時，用起來非常方便，但若找不到長型紅蔥也厭膩了洋蔥，我推薦以4根粗肥或6根細瘦的青蔥（spring onion），切片使用。我知道有時候，生活總非盡如人意。

義大利麵，鯖魚、馬莎拉酒和松子
PASTA WITH MACKEREL, MARSALA & PINE NUTS

2人份
金色（或尋常品種）桑塔那葡萄乾
　　（golden or regular sultanas）
　　50公克
細扁麵（linguine）200公克
煮麵水所需的鹽，適量
橄欖油2大匙（2×15毫升）
長型紅蔥（echalion or banana
　　shallot）1顆，去皮切碎

▶

燒水準備煮麵。把金色葡萄乾放入杯裡，注入煮開不久的熱水，到達剛好淹沒的高度。

煮麵水沸騰後在水裡加鹽，依照包裝上的說明煮細扁麵（但要在預計煮熟時間的2分鐘前試熟度），一旦投入義大利麵後的煮麵水再度沸騰，即開始準備醬汁。

在煎鍋裡把油燒熱，加入切碎的長型紅蔥炒2分鐘，或直到變軟。

加入馬莎拉酒煮到沸騰，立刻加入鯖魚片、金色葡萄乾（已擠出水分）、瀝乾的酸豆和少少幾滴紅酒醋。鯖魚一經加熱立刻離火。煎鍋裡應不會留下任何液體：這是乾醬，要有心理準備。

＊極富盛名義裔飲食作家與食譜作者。

瀝乾義大利麵前取出1滿杯煮過麵的澱粉水，稍後這將用來讓醬汁和細扁麵融合。

把瀝乾的義大利麵放回原來的鍋裡，加入鯖魚鍋裡的料，以及半量的蒔蘿和半量的松子，和1大匙左右的煮麵水，輕巧但徹底地拌勻。嚐一下味道，看看是否要加更多的醋。

分盛入2個溫過的碗裡，撒上剩餘的蒔蘿和松子。∎

馬莎拉酒（Marsala）60毫升
鯖魚去骨魚片（fillets）2片（共170
　公克），去皮，剝（切）成片
瀝乾的酸豆2大匙（2×15毫升）
紅酒醋幾滴
新鮮蒔蘿（dill）1把，撕成段
烤過的松子25公克

我完全不排斥那種無醬汁的鮮蝦義大利麵，裡面只有鮮蝦本身的滋味、再加上一些辣椒、或許還加了一點酒和對切的櫻桃番茄；我甚至還寫過一道就像這樣的食譜。然而，有時候我渴求濃郁醬汁的撫慰，寧願犧牲對豐富食材的要求，如同**第12頁**的「緞帶麵，蘑菇、馬莎拉酒和馬斯卡邦起司」。實際上，這個食譜兼顧了兩者，在濃郁的馬斯卡邦起司醬汁內，含有乾辣椒片電流四竄的嗆辣，和番茄泥（tomato purée）嚙舌的酸味。當然，我喜歡這款醬汁可以立即在碗裡攪拌完成，看起來就像搭配經典鮮蝦雞尾酒（prawn cocktail）的瑪麗粉紅醬（Marie Rose），不過這配方絕非異想天開或是廚藝笑話。並且，我也是認真的建議你使用以下的粉紅色飲料：我確實認為，馬丁尼酒（Martini）或粉紅欽札諾酒（Cinzano Rosato，義大利粉紅苦艾酒）是值得的投資。醬汁因此所染上的甜蜜春花色，是白苦艾酒或粉紅酒所完全無法比擬。然而，也可用白蘭地替代，增添一股復古味。

我通常使用購於超市的有機生蝦，或是冷凍的小熟蝦。冷凍蝦的包裝，可能份量稍大，但全部下鍋無妨。會出一些水，可是義大利麵的特質，就是不管醬汁的水分多少，幾乎都會被麵體吸收，如同照片所示。

順帶一提：的確，這款醬汁十分濃稠，而且我分配的一人份麵量比平常多（雞蛋義大利麵尤其容易飽足），但這主要是因為這些雞蛋細麵（egg taglierini）－想像成超級細的寬扁麵（tagliatelle）－通常都是250公克的包裝，而省著那50公克在袋子裡似乎就是不對勁。

鮮蝦粉紅麵
PRAWN PASTA ROSA

2人份
番茄泥＊(tomato purée)1大匙
　　(1×15毫升)
牛奶4大匙(4×15毫升)
馬斯卡邦起司（mascarpone）
　　4大匙(4×15毫升)
大蒜油1大匙(1×15毫升)
乾辣椒片¼小匙
去殼生蝦（或煮熟的小蝦)150公克
馬丁尼酒（Martini)75毫升，或粉
　　紅欽札諾酒（Cinzano Rosato)
　　(見介紹)
雞蛋細麵（egg taglierini)250公克
煮麵水所需的鹽

用大量水煮義大利麵，水沸騰後加鹽。

在碗裡，把番茄泥和牛奶拌勻，分次將馬斯卡邦起司拌入，置旁備用。

在中式炒鍋或大煎鍋裡把大蒜油燒熱，加入辣椒片，趁熱拌炒，加入蝦子拌炒1分鐘（若是冷凍蝦要久一點），這時蝦子應煮透熱燙。

倒入粉紅苦艾酒，加熱到沸騰。當水分稍微收乾時，加入碗裡的粉紅醬汁，邊煮邊攪拌，至完全熱透（若用冷凍蝦，要檢查一下有沒有煮透且熱騰騰的）。

同時把麵放入已加鹽且沸騰的煮麵水裡煮；這需要3分鐘，要留神！

把麵瀝乾，但不要太乾，倒入粉紅醬汁裡，輕巧但徹底地拌勻。分盛入2個溫過的盤上或碗裡，立刻享用。∎

＊番茄泥（tomato purée)：經切（絞）碎，不斷加熱再加熱直至水分收乾成糊，質地像花生醬，tomato purée乃英式稱法，美式稱法為tomato paste。

我是自己所知少數人中，不喜歡罐頭鮪魚的一個，因此我還挺訝異我會熱愛這道快速義大利麵醬汁。或許是歸因於檸檬的刺激酸味、辣椒片的火熱辣味、青蔥的新鮮蔥味和芝麻葉鮮嫩的苦味吧。不論如何，這道麵（在冰箱和食物櫃快速搜尋即成），已成我日常的固定選擇。我相信，也會變成你的。

直麵，鮪魚、檸檬和芝麻葉
SPAGHETTI WITH TUNA, LEMON&ROCKET

2人份
直麵（spaghetti）200公克
煮麵水所需的鹽，適量
油漬罐頭鮪魚（can tuna in olive
　oil）1罐，150~200公克，若預算
　夠且碰巧遇上，選用 Ventresca
　品牌，瀝乾
未上蠟的檸檬皮碎（zest）和果汁1顆
大蒜½瓣，去皮
青蔥3根，切細片
乾辣椒片¼小匙，或適量
海鹽½小匙或細鹽¼小匙，或適量
特級初榨橄欖油1大匙（1×15毫升）
芝麻葉（rocket）25公克

燒一大鍋水準備煮麵，當水沸騰加入鹽和直麵，依照包裝上的說明煮麵，但最好在預計煮熟時間的2分鐘前開始試熟度。

煮麵時，用叉子把瀝乾的鮪魚加入大碗裡，加入檸檬皮碎和果汁，刨入大蒜（或切碎後加入）。

還是用叉子，加入切細片的青蔥攪拌，用適量辣椒片和鹽調味，最後加入特級初榨橄欖油，用叉子攪拌充分融合。

瀝乾直麵前，舀出少許煮麵水，把瀝乾的麵拌入放有鮪魚和蔥等材料的碗裡，攪拌均勻，加入1大匙左右的煮麵水，使醬汁帶有一點澱粉水好幫助乳化為濃稠質感。加入芝麻葉，輕輕拌入麵中，再分盛入2個碗裡。■

寫到這篇，必須坦誠地說，你還是得走一趟義大利熟食店或特殊食品批發店，才能買到杜蘭麥麵豆（fregola），也就是這配方指定，經日曬烘烤的薩丁尼亞北非小麥粒（couscous）。這當然不是不可能的任務。我建議你一次購足所需（像是法若小麥farro，見**第44頁**，還有其他之後可能會用到的特殊種類義大利麵），如此一來，有備無患。

我不會用普通北非小麥粒來取代杜蘭麥麵豆（有時又稱fregula），後者看起來較像扎實的豆狀義大利麵，而非粗磨麵粉，因此，形體上比較接近較大的中東或以色列北非小麥粒，必要時，可以用來代替。如果真找不到杜蘭麥麵豆，我倒建議你試試看質地厚實的湯用義大利麵，例如頂針麵（ditalini），這也比較容易買得到。

杜蘭麥麵豆本身的質感，的確與眾不同：煮熟後雖然變軟，但仍保有特殊的口感和堅果味，與輕盈、微辣富含蛤味的番茄湯汁真是天作之合。

薩丁尼亞北非小麥粒和蛤蜊
SARDINIAN COUSCOUS WITH CLAMS

蛤蜊泡入大碗清水裡，稍微整理，將殼已開或碎裂者扔棄。

在附鍋蓋、底部厚實的平底鍋裡把油燒熱，加入長型紅蔥拌炒1分鐘，刨入大蒜（或切碎後加入），加入乾辣椒片，趁熱攪拌到嘶嘶作響，但不要把大蒜燒焦。

拌入番茄泥，加入高湯和苦艾酒煮開。

加入杜蘭麥麵豆（應該完全被湯汁淹蓋），不加蓋，以小火煨煮（simmer）10~12分鐘（或依照包裝上的說明）。

檢查一下，看看杜蘭麥麵豆是不是快要熟了，加入瀝乾的蛤蜊，蓋鍋以大火快煮（fast simmer）3分鐘，然後打開鍋蓋查看蛤蜊殼是不是張開了。捨棄任何煮過但沒有張殼的蛤蜊。

撒入切碎的巴西利，攪拌到所有食材充分混合，然後舀入4個溫過的碗裡，撒上巴西利後上菜。■

4人份
小蛤蜊1公斤，例如花蛤（palourdes）
橄欖油2大匙（2×15毫升）
長型紅蔥（echalion or banana shallot）1顆，去皮切碎
大蒜2瓣，去皮
乾辣椒片½小匙
番茄泥（tomato purée）*1大匙（1×15毫升）
淡味雞高湯750毫升（以低於平日所使用的高湯粉或濃縮高湯量對水）
不甜紅苦艾酒（dry red vermouth）60毫升
杜蘭麥麵豆（fregola）200公克
新鮮巴西利（parsley），切碎3大匙（3×15毫升），另備一些上菜用

*番茄泥（tomato purée）：經切（絞）碎，不斷加熱再加熱直至水分收乾成糊，質地像花生醬，tomato purée乃英式稱法，美式稱法為tomato paste。

螃蟹、檸檬和辣椒：對我來說，道盡了托斯卡尼（Tuscan）海邊風味。新鮮甜美而刺激的組合，可做成義大利麵醬汁（沒錯，之前我的書裡還寫過做法）、沙拉和克羅斯提尼麵包片（crostini）上的餡料（見**第198頁**），好似多年前在 Porto Santo Stefano 夏日假期的鮮明記憶。我不記得它是怎麼在我廚房裡變成燉飯（risotto）的，但結果如此且美味得很。

若我有空，肯定偏好帶殼的新鮮螃蟹，我會把珊瑚色蟹殼轉變成海鮮風味高湯。或者，我只是說說而已。但這並不重要，因為我的確沒有時間，並且我想你也是一樣，所以我用市售的去殼蟹肉和以番紅花染色且調味成的淡味雞高湯（將濃縮高湯還原成一半的濃度）代替。也許你會認為這裡應該使用現成魚高湯，但我覺得味道會太過強烈。

在我家附近的超市裡，可以分別買到棕色或白色的蟹肉，若買不到或堅持不用像法式凍派（pâté）的棕色蟹肉，可把白色蟹肉增量到200公克，務必在烹調前快速地檢查是否有蟹殼殘留。

辣味蟹肉燉飯
CHILLI CRAB RISOTTO

2人份 Ⓝ
淡味雞高湯1公升（濃度是一般的½）
番紅花花絲（saffron）¼小匙
大蒜油2大匙（2×15毫升）
青蔥4根，切細片
新鮮紅辣椒1根，去籽切碎
燉飯米（risotto rice）200公克
不甜白酒或苦艾酒（dry white
　　wine or vermouth）75毫升
棕色蟹肉100公克
白色蟹肉100公克
未上蠟的磨碎檸檬皮（zest）和果汁
　　½顆，另備½顆上菜用
鹽和黑胡椒粉適量
芝麻葉（rocket）50公克

調製高湯，加入番紅花絲，在平底深鍋內以小火加熱以保持熱度。

在附鍋蓋、底部厚實的平底鍋裡把大蒜油燒熱，加入青蔥片和大部分的切碎辣椒，以中小火拌炒約1分鐘。

把火轉大一點，加入米和鍋中的辣椒及青蔥拌勻。

加入白酒（或苦艾酒），加熱到沸騰並完全被米粒吸收。現在加入1大杓染成番紅花色的熱高湯，一邊加熱一邊攪拌，到湯汁完全吸收。

把火轉小一點，再加入1大杓熱高湯，不時攪拌直到被米粒吸收，持續這不緩不急的節奏，直到加入所有的高湯，且完全被米粒吸收而煮熟。約需18分鐘。

把鍋子離火，加入蟹肉、檸檬皮和果汁，拌勻後調味。這時候拌入芝麻葉，蓋鍋1分鐘，鍋子保持離火狀態。等待的空檔，可以把沒用到的半顆檸檬切成4等份，食用時可擠一點果汁－我是希望儘可能不要浪費食材。

把黏稠的燉飯分盛入2個溫過的淺碗或平盤裡，撒上剩下的辣椒碎，大快朵頤。■

多年前我寫過一個食譜（未曾在書裡發表過），用米形義大利麵（有不同的名稱如orzo、risoni、semi de melone 或 puntarelle）做成「錯覺燉飯trompe l'œil risotto」。這裡介紹的已經過不少改動，首先，不只是把義大利麵煮熟，和濃稠的醬汁拌勻，讓它看起來像燉飯，我是真的用煮傳統燉飯的方式來煮義大利麵。有些地方是不從傳統的，但好處不少。好比煮麵時所用的水比煮燉飯少，這或許對你無關痛癢。但無須隨時攪拌，且義大利麵僅需10分鐘就煮好，這對於在上班日準備晚餐，可是便利許多吧。

另外，雖然義大利人非常尊重傳統，這種煮麵法－稱為燉飯式義大利麵 pasta risottata －是很新潮的，如同新創的義大利字"sciccoso"（讀音如"奇可-索"）。我在義大利看到這種煮麵法時，實際上跟米麵（orzo）或其他米形麵無關；"risottata"指的是一種料理法，而非麵種或成品。小筆管麵（pennette）（見「義大利式迷你起司通心麵」，**第14頁**）、通心麵（macaroni）或其他類似小型義大利麵皆適用，雖然烹煮時間稍有不同。但我最愛的是這裡的米形麵：米麵的澱粉質可慢慢滲入醬汁，而不會通過濾鍋被沖到水槽裡－而且－你只需要一個鍋子就可搞定。我建議這個鍋子的底部要厚實：小型上釉的鑄鐵燉鍋（cast-iron casserole）就很完美，雖然我常用的是底部較厚的平底深鍋（saucepan）。

許多義大利麵食譜不會特別指定水量，只說要剛好蓋過麵。我覺得一開始有個大約使用多少水的概念比較方便，不過請注意，這只供參考：若義大利麵在煮熟前吸光所有水分，自然需要加更多水。

義大利麵燉飯，碗豆和義式培根
PASTA RISOTTO WITH PEAS & PANCETTA

在一個可容納所有食材的厚底鍋裡把橄欖油燒熱；直徑22公分的燉鍋（casserole）或平底深鍋（saucepan）應綽綽有餘。

翻炒義式培根至酥脆上色，加入小碗豆拌炒1分鐘，或至解凍。

加入義大利麵，和義式培根與小碗豆一起拌炒，加入沸水；方便起見，我用量杯計算－ 2又½杯。加鹽（要小心，尤其是煮給小孩吃－義式培根和稍後要加的帕馬森起司都有鹹度）；調小火力，煨煮（simmer）10分鐘，其間不時攪拌一兩次以免黏鍋，同時看看是否要加更多熱水。

完成時，義大利麵應是軟熟粉稠且水分已被吸乾。拌入奶油和帕馬森起司，嚐一下味道，立刻盛入溫過的熱碗內。■

2位飢餓的成年人或4位幼童
大蒜油2大匙（2×15毫升）
義式培根丁（pancetta cubes）150公克
冷凍小碗豆（petits pois）150公克
米麵（orzo）250公克
沸水625毫升
鹽適量
軟化的無鹽奶油1大匙（1×15毫升），15公克
刨碎的（grated）帕馬森起司（Parmesan）2大匙（2×15毫升）
胡椒粉適量

法若小麥燉飯和蕈菇
FARRO RISOTTO WITH MUSHROOMS

我大膽地將這鮮為人知的食材推到你面前，毫無歉疚。也許，現在你還不知法若小麥（farro）為何物，但相信我，一旦你買到了、烹煮食用，你就會知道我為何這麼熱切地加以推銷了。熟悉它的人，更不需旁人慫恿（請注意，我說的是去皮的（pearled）法若小麥farro perlato－而非帶殼的whole farro）。

我用義大利文稱呼它，因為英文翻譯通稱為斯佩耳特小麥（spelt）並不是很正確。但由於斯佩耳特小麥可能是我們所知麥種中跟它最相近的，這樣叫也非全然無益。實際上法若小麥即二粒小麥（emmer wheat），它是一種古老的穀物，羅馬帝國時代的主食。說實話，我很樂意叫這道菜「古羅馬燉飯」；這將有某種程度的吸引力，至少對像我這樣有羅馬帝國情節的人而言。

若找不到法若小麥，我並不建議用斯佩耳特小麥當替代品，因為它也不是很容易找到；在這裡倒可以考慮用珍珠麥（pearl barley又稱大麥或洋薏仁）代替。注意了，我正準備大力鼓吹使法若小麥廣受注目，易於購買。我喜愛它堅果般的全麥香，但沒有粗糙的口感。

的確，以傳統濕潤稠糊的定義來說，它做出來並不像燉飯（我不會叫它做"farrotto"，但珍珠麥做出來的，我挺樂意稱為"orzotto"）；它比較像香料飯（pilaff）。但不管它叫什麼，這道料理頗為美味。因為缺少麩質（gluten），因此不會黏黏粉粉的，好處即是烹煮時不用隨時攪拌，像煮燉飯一樣。你把它丟到鍋裡、注入高湯蓋上鍋蓋就搞定了－差不多。這種做法可以當成其他法若小麥燉飯的基本步驟，法若小麥本身也可當作湯裡的小型麵（pastina）替代品。

在義大利時（當然得在季節對的時候），豐美的新鮮牛肝蕈（porcini）是我唯一的選擇，不過必須妥協時（我對口味要求仍然堅持），可選用乾燥牛肝蕈，搭配新鮮栗子蘑菇（chestnut mushrooms），切片後，白色菇肉滾著漂亮的棕色邊，質地鮮韌緊實。烹煮後的菇蕈，充滿蒜味和百里香森林氣息，真是令人陶醉。若剛好造訪義大利熟食店（Italian deli），一定要帶些牛肝蕈高湯塊，否則也可使用蔬菜或雞肉高湯，端視你是否想做成素食。

我當它是主菜，但也可輕易地轉變成配菜（side dish）。重新加熱後依然美味，所以剩菜不但仍然可口（傳統燉飯不可能如此），你還可以提前準備，有客人共進晚餐時，再方便不過了。

用**125毫升剛煮開的水**來浸泡乾燥牛肝蕈，若使用濃縮塊（或粉）做高湯，再把水壺裝滿繼續煮開。

在附鍋蓋、底部厚實的寬口平底深鍋裡，加入2大匙橄欖油和韭蔥片，一邊加熱不時攪拌，約5分鐘，或至韭蔥變軟。

瀝乾牛肝蕈，保留浸泡的水，切碎後放入鍋裡。

拌勻，加入法若小麥，輕巧但徹底地翻動。加入馬莎拉酒和浸泡牛肝蕈的水，加熱到沸騰。

依照個人喜好調製高湯，將高湯加入法若小麥鍋裡，一邊攪拌，一邊加熱到沸騰，蓋緊鍋蓋，火轉小，煨煮（simmer）30分鐘，直到法若小麥熟透，所有水分都被吸光。

法若小麥正煮著時，在中型尺寸的煎鍋裡把剩下的2大匙橄欖油燒熱，拌炒蘑菇片5分鐘或直到開始軟化（起先會似乎看來過乾），然後加入百里香、刨入大蒜（或切碎後加入），續煮5分鐘，或直到蘑菇變得柔軟多汁。如果法若小麥還沒煮好，就先讓蘑菇鍋離火。

法若小麥煮好時，離火，加入煮好的蘑菇。

拌入瑞可達起司和帕馬森起司（它們會在熱氣中融化）直到法若小麥變得濃稠滑順，撒上巴西利後上菜。■

4-6人份 Ⓝ

乾燥牛肝蕈（dried porcini）
　10公克
剛煮開的熱水125毫升
橄欖油4大匙（4×15毫升）
韭蔥（leek）1根（清洗修剪過），
　縱向對切後切細片
去皮法若小麥（pearled farro-
　perlato）500公克
馬莎拉酒（Marsala）60毫升
高湯1.25公升，蔬菜、雞或牛肝蕈
　高湯皆可
新鮮栗子蘑菇（chestnut
　mushrooms）250公克，切片
新鮮百里香（thyme）數枝，僅取葉
　片，或½小匙乾燥百里香
大蒜1瓣，去皮
瑞可達起司（ricotta）4大匙（4×
　15毫升）
刨碎的帕馬森起司（Parmesan）
　4大匙（4×15毫升）
切碎的新鮮巴西利（parsley）約
　3大匙（3×15毫升），上菜用

同時參閱
AND SEE ALSO...

如介紹Introduction中所提到，還有其他義大利麵食譜不在這個章節裡，而是穿插在別處，包括：

第131頁的「焗烤馬鈴薯麵疙瘩」；**第212頁**的「寬麵，栗子和義式培根」；**第214頁**的「豐盛的全麥義大利麵，球芽甘藍、起司和馬鈴薯」；**第216頁**的「通心麵山丘」；**第263頁**的「義大利麵和扁豆」。

另外，有道食譜雖然比上述某些麵食先出現，我覺得有必要打上鎂光燈單獨介紹出場－**第192頁**的「巧克力義大利麵，胡桃和焦糖」。

其他還有一些我建議過，可將原食譜轉變成義大利麵及醬汁的版本：**第80頁**的「墨魚和鮮蝦，辣椒和馬郁蘭」；**第82頁**的「鱈魚，嫩莖青花菜和辣椒」；**第94頁**的「雞肉，茵陳蒿綠莎莎醬」；**第104頁**的「櫻桃番茄和橄欖」；**第106頁**的「豌豆和義式培根」；**第119頁**的「蒜味蕈菇，辣椒和檸檬」；**第209頁**的「辣味番茄醬」；以及**第235頁**的「義大利麵香料」。

FLESH, FISH & FOWL

肉類、魚類和禽類

羊肋排，薄荷、辣椒和金燦馬鈴薯
LAMB CUTLETS WITH MINT, CHILLI & GOLDEN POTATOES

很少有比看到滿桌的食物更令人興奮雀躍的事了。這情緒並非全然基於貪婪而生：不虞匱乏、歡迎賓客的的氛圍，總是令我興致高昂；能夠準備豐盛大餐上桌使我心情愉快。共享晚餐的美好不僅在於賓客能開心滿意，下廚的人應該也是一樣；仔細一想，這就是準備晚餐的基本要求。

若在開始料理羊排前先將對切的小馬鈴薯蒸好，一道毫不隨便的肉類與馬鈴薯晚餐，可以不費力地在20分鐘左右就準備好（外加一點醃肉的時間）。對我而言，蒸馬鈴薯是很重要的步驟：蒸過的馬鈴薯帶著甜美芳香；而且，這樣處理過的馬鈴薯，比水煮的不帶水分，因此更容易煎到金黃焦脆，不易噴濺油脂。不過要注意，鍋子裡的水，不要一開始加太多。若找不到新馬鈴薯（new potatoes）品種，可用兩、三個適於烘烤的粉質馬鈴薯（baking potatoes），切成約1公分的小丁。若是這樣，就一定要用蒸的，因為馬鈴薯切塊後會在滾水裡溶解成泥狀。

至於這裡的配菜：如同以往，我會建議先在盤上撒些芝麻葉（rocket）（約100公克的量可作成沙拉，而非僅供裝飾），不過任何當季沙拉葉都很好。我也喜歡使用不同品種的紅菊苣（radicchio）（見**第229頁**）。

我承認芹菜鹽（celery salt）－血腥瑪麗（bloody Mary）的基本材料及海鷗蛋（gull's eggs）的調味品－並不是「很」義大利的食材，但芹菜本身是義大利鹹食料理無所不在的隱味。在當地菜販可買到知名的香草束（odori）－綑成一束的香草與香味蔬菜－芹菜就是不可或缺的要角。若手邊沒有芹菜鹽也不需猶豫，撒上一點海鹽即可。

蒸煮切半的小馬鈴薯。

取出大烤盤（足夠肋排鋪平不重疊），倒入橄欖油，撒上辣椒片、乾燥薄荷和芹菜鹽。

把1支羊肋排當成木湯匙般，將烤盤裡的橄欖油和香料稍加攪拌，均勻混合，然後將所有的羊肋排鋪上一層，接著立刻翻面，醃上10分鐘。

加熱一個底部厚實的大型不沾煎鍋－要可裝下所有羊肋排（直徑約28公分）－將所有羊肋排放入（上面的醃油應足夠用來煎肉），以中火煎5分鐘。同時，檢查一下馬鈴薯，現在應該熟軟了；若是如此，把蒸鍋熄火，把水倒掉，讓馬鈴薯靜置晾乾。

用料理夾（方便起見）把羊肋排翻面，續煎3分鐘。若要用一個大盤子來上菜，先在盤底裝飾一些芝麻葉，或其他喜歡的葉菜，趁羊肋排剛煎好、多汁鮮嫩時，擺在綠葉襯底（光禿禿亦可）的盤上。若希望羊肉是全熟（well done）的，就煎久一點。

把蒸好的馬鈴薯，放入不沾煎鍋裡煎3分鐘，翻面續煎3分鐘，中間不時搖動鍋子，使馬鈴薯均勻接觸到滾燙而芳香的油脂。

用濾杓（slotted spatula）或類似器具，把馬鈴薯移到肋排盤裡，撒上1小匙海鹽（我喜歡鹹一點，若你的口味較淡或要給小朋友食用，減少鹽量或完全不加皆可）、撒上點切碎的巴西利和薄荷。∎

4人份

小型新馬鈴薯（baby new potatoes）500公克，對切但不去皮

橄欖油3大匙（3×15毫升）

乾辣椒片½小匙

乾燥薄荷1小匙

芹菜鹽（celery salt）* ½小匙

羊肋排8支，經法式肋排切法處理*（French trimmed）

芝麻葉（rocket）100公克，上菜用（可省略）

海鹽1小匙或細鹽½小匙，或適量

切碎的新鮮巴西利（parsley）1大匙（1×15毫升）

切碎的新鮮薄荷1大匙（1×15毫升）

*1. 芹菜鹽（celery salt）：芹菜籽或其近親種籽經磨碎後再和食鹽混合而成的特殊風味鹽。2.法式肋排切法處理（French trimmed）指處理肋排的技術，將突骨之間及其表面的肉和肉筋去除且刮乾淨。

這道食譜的食材可能不多，而且，從開火到晚餐上桌花費不到10分鐘，然而，其風味真是濃郁，美味優雅。鹹味含蓄的鯷魚和柔軟鮮甜的羊肉之間的化合作用，效果絕妙，你完全無需費心。我愛最後加入粉紅苦艾酒的花香味，不過若沒有，甜味雪莉酒（sweet sherry）－不要帶奶味的（cream sherry）－搭配少許檸檬或柳橙皮屑，有同樣的效果。鯷魚恐懼症者，喔，可憐的你，可以省略這項食材，在加入苦艾酒時加點鹽即可。

我喜歡搭配一些辛辣的芝麻葉就好（我的老癖好），不過鍋底渣滓所煮成的肉汁，帶有強烈風味，也會使番茄鮮明出眾。此外，我永遠願意配上少許燙菠菜和美味麵包。

羊肉排，鯷魚和百里香
LAMB STEAKS WITH ANCHOVIES & THYME

在底部厚實的不沾平底鍋裡，把大蒜油燒熱，將羊肉排每面各煎約2分鐘，或煎到你喜歡的熟度（半熟粉紅色或全熟）。

把肉排移到襯著鋁箔紙的平板上，邊緣折高，以保留流出的肉汁。

鍋子離火，加入鯷魚片，攪拌到碎裂且開始融化。開火，把鍋子放回爐上繼續攪拌，加入百里香葉。

現在加入粉紅苦艾酒，加熱到沸騰，倒進保留的羊肉排肉汁，這時把羊肉排放在2個溫過的盤子上，醬汁則繼續滾煮到濃稠（約需30秒），然後倒在羊排上。立刻大啖享用。■

2人份
大蒜油1大匙（1×15毫升）
去骨羊腿肉排2塊，每塊約100公克
鯷魚（anchovy）魚片4片
新鮮百里香（thyme）數枝，僅取葉片，約1小匙
馬丁尼酒（Martini），或粉紅欽札諾酒（Cinzano Rosato）* 60毫升

---

* 粉紅欽札諾酒 Cinzano Rosato，亦是義大利粉紅苦艾酒 rose or rosato vermouth。

將去骨經蝴蝶切的羊腿肉加以烘烤，應該是烹調大肉塊最簡單快速的方法。而且，省了困難的分切（carving）工作（很不好意思，我的分切能力實在見不得人），去骨肉塊煮好後只要切片就行了，連我都游刃有餘。

這些年來，我曾以不同方式烹調這道菜，最常用的可能是迷迭香和檸檬的組合，我覺得前一頁的羊排食譜裡，鯷魚、百里香和粉紅苦艾酒的搭配，也很誘人，不過這裡低調的醃料會凸顯羊肉的香甜，充滿明確而含蓄的風味，反而更引人入勝，因此適合用來大宴賓客、討好群眾。

這裡的醃漬，實際上只是讓羊肉－我向肉販購買，請他加以去骨且經蝴蝶切－在烤盤裡靜置到回復室溫。接著，就只需在烤箱裡烤上半小時，之後靜置休息（rest）15分鐘。再簡單不過了。

烤箱的溫度和醋裡的糖分，可能會使烤盤產生焦色黑點。我個人並不介意，不過你也可以在烤盤上襯張鋁箔紙。

蝴蝶切羊腿肉，月桂葉和巴薩米克醋
BUTTERFLIED LEG OF LAMB WITH BAY LEAVES & BALSAMIC VINEGAR

8人份 Ⓝ
去骨且經蝴蝶切（butterflied）*的
　　羊腿肉約1.5公斤
新鮮月桂葉（bay leaves）6片，
　　剪碎，另備一些全葉上菜用（可
　　省略）
海鹽2小匙，或適量
橄欖油4大匙（4×15毫升）
巴薩米克醋（balsamic vinegar）
　　2大匙（2×15毫升）
大蒜3瓣，去皮切薄片

烤箱預熱至220°C／熱度7。取出淺而厚實的烤盤（roasting tin），放入蝴蝶切的羊腿肉，帶皮的那面朝下。

在羊肉表面撒上剪碎的月桂葉和一半份量的鹽，倒入橄欖油和醋，接著把蒜片盡可能地塞進所有肉縫裡，剩下的擺在表面。靜置，直到把羊肉回復到室溫。

把肉翻面，所以現在是帶皮的那面朝上，撒上剩下的鹽，放入熱烤箱烤30分鐘。

自烤箱取出，封上鋁箔紙，靜置15分鐘：這將會讓羊肉鮮嫩多汁、呈粉紅色熟度；若要羊肉熟一點，就封著鋁箔紙擺30分鐘。

我喜歡把羊肉切片，放回裝有辛香肉汁的烤盤裡上菜。若你喜歡－或是較正式的場合也比較好看－可把肉片盛放在溫過的大盤子（platter）裡。在烤盤的肉汁裡加點滾水，約1小杯濃縮咖啡（約30毫升）的量，再把肉汁澆到盤裡的肉上。撒上一些新鮮的月桂葉，讓擺盤美感倍增。∎

＊蝴蝶切（butterflied）是指在腿肉較厚的地方（中央帶骨處）下刀，往左右兩邊橫向剖開不切斷，形成厚度一致的肉塊，亦可取下腿骨。

帶骨豬排，茴香籽和多香果
PORK CHOPS WITH FENNEL SEEDS & ALLSPICE

之前出版的食譜《Forever Summer》，我介紹了芳香四溢的義大利市井主食－烤豬肉（porchetta）的家庭版，使用去骨、經蝴蝶切的豬肩肉，塗上大蒜、茴香籽（fennel seeds）、迷迭香、月桂葉、丁香和胡椒粒（peppercorns）煮成的洋蔥糊，捲起來低溫慢烤，切成入口即化的薄片，夾在剖半的喬巴達（ciabatta）麵包裡享用，這裡的食譜則是縮減份量的快速版本。或者，不如說是受其啟發的日常菜色。我頗感滿意：烤豬肉需要約30小時才能達到最佳狀態；下面的食譜僅需15分鐘，就能端出茴香味滿溢、肉汁閃耀的晚餐。

我很推薦在裹粉裡加些迷迭香或鼠尾草（sage），但是這裡沒有大塊肉捲在烤箱長時間烘烤所得到的風味效果，因此為了提升風味，必須加入更深沉而芬芳的香料，也就是說，可在一撮丁香裡加點多香果（allspice）*。我之前也有提到，一般來說芹菜鹽（celery salt）*並非正統義大利食材，更不是烤豬肉的傳統配料，但它的確是有力的調味，增加美味。怎麼使用香料調味，也許是個人的喜好，且可以產生無窮的變化，但我對其他方面的要求就比較嚴格。聽好了：選購豬排時，一定要帶點脂肪的；我不是指繞著整塊肉排邊緣的肥肉條－那個你可以切除－而是指肉排本身的大理石油花。沒有這些脂肪，將味如嚼蠟，或緊實得如誤丟至熱水裡洗過的針織衫（口感也差不多）。英國的豬肉，尤其是超市供應的，多為不易消化的瘦肉。幸運地，現在開始有人反彈了，一起加入吧。

還有件重要的事，煎鍋必須剛好能容納所有豬排；開火後，煎鍋內未被豬排蓋住的部分，會開始發散油煙。我覺得直徑23公分的煎鍋在這裡恰好；底部厚實，且具不沾功能，更會事半功倍。

最後的叮嚀：我知道這裡要求的麵粉份量，雖然不多，還是會有些剩餘，只是如果我寫上更少的份量，真的很不容易把豬排表面裹均勻。我不是鼓吹浪費，實際上，我非常反對糟蹋食物，但是丟棄一匙麵粉，我無愧於心。

有時間的話，我建議你可以搭配馬鈴薯泥（以及一些蒸過的菠菜或四季豆）；很樂於推薦**第136頁**的「偽薯泥」。

把豬皮和大部分豬排外圍的肥肉切除。我知道很可惜，但這些肥肉不太可能會及時煮熟。（如上頁提過的，你需要的是像細網狀的油花脂肪。）

在小型淺盤內，把麵粉、辛香料、調味料和足夠的胡椒粉混合均勻，均勻地沾裹在豬排表面。

把豬排留在麵粉盤上，同時開始加熱大蒜油，最好使用底部厚實的煎鍋－不沾鍋為佳－大小能剛好容納2塊緊貼的豬排。放入豬排，先將一面煎上5分鐘，確定火力不會太大以免豬排燒焦。

把豬排翻面，續煎5分鐘，倒入馬莎拉酒，轉中小火煮5分鐘，測試一下是否煎透了，再移放至2個溫過的盤子上。

搖晃一下鍋裡的醬汁，不要熄火，看看是否已變得濃稠，轉成濃郁光滑如栗子色一般的棕色醬汁，澆在豬排上，立刻上菜。■

2人份
帶骨豬排（pork chops）2塊，
　不要太瘦（見上頁說明）
麵粉3大匙（3×15毫升）
茴香籽（fennel seeds）2小匙
多香果（allspice）½小匙
芹菜鹽（celery salt）½小匙
丁香粉（cloves）1小撮
現磨胡椒粉
大蒜油2大匙（2×15毫升）
馬莎拉酒（Marsala）75毫升

＊1.多香果（allspice）是種漿果類香料，哥倫布航行到加勒比海列島時發現，具胡椒、丁香、肉桂、肉豆蔻等綜合香味，辛嗆味突出，故稱多香果，別稱牙買加胡椒（Jamaica pepper）。　2.芹菜鹽（celery salt）：芹菜籽或其近親種籽經磨碎後再和食鹽混合而成的特殊風味鹽。

豬里肌，帕馬火腿和奧勒岡
PORK LOIN WITH PARMA HAM & OREGANO

總有一天我要學點切肉刀工，不過這同時我欣喜若狂，甚至可說感激涕零地推給專業做。也就是說，我跟我的肉販買豬里肌，要求去骨去皮後的重量是1.5公斤，並且得從中間切開「像一本書」，我再丟進我想要填塞的餡料，然後把它捲起來。

有時候，看到有厚薄不均的部分，我還是得自己拿出刀子切開。我並不要求做到完美的均勻切面，但我需要裡面的空間能讓我鋪上一些火腿薄片，再捲成圓木狀綁緊。我想我也不用多做解釋了，右頁圖片就可看到成果。

這的確是簡單易做的食譜，因此才會放在本書中，儘管要花上一小時烹調。它的好處是，填餡和捲肉頗為快速，之後你任何事都不用做，這表示，有朋友來晚餐時，你仍可輕鬆自在地和賓客閒聊。

此外，最後成品多多少少會自行產生肉汁。鋪在豬肉之下的洋蔥片，提供了額外的風味，爐烤豬肉的同時，洋蔥汁液和肉汁流入烤盤裡，伴隨著帕馬火腿（Parma ham）、奧勒岡和大蒜等的濃郁美味。讓豬肉靜置休息時（resting），在烤盤裡倒入苦艾酒和熱水，因為苦艾酒（不像葡萄酒般）無須烹煮揮發，接著便無需插手，讓完美的肉汁自然蘊釀而出。

我喜歡把這些美味的肉捲，鋪放在辛嗆的芝麻葉（rocket）上－我知道我常這樣建議。想要更華麗的話，可否讓我建議搭配一些原味四季豆和「偽薯泥」（見**第136頁**）？

還有，你可能記得我說豬肉要去皮，但豬皮還是要保留下來，至少，我自己是捨不得丟的。烤到香脆的豬皮（crackling），也許不是知名的義大利美食，但義式脆豬皮－ciccioli（請迷人地唸成：區-邱-莉）－是公認美味的餐前酒小菜。我會搭配被阿佩羅利口酒（Aperol）染上橙色的波歇科氣泡酒（Prosecco）。我通常在烘烤豬肉前，先把豬皮送入烤箱爐烤，如下一頁所示預熱烤箱（200°C），然後放在烤盤的烤架（rack）上，爐烤30分鐘，用手弄碎後，放在幾個小盤子上，撒上少許海鹽，眾人可盡情大嚼，同時牙醫也有生意做。對了，如果你向肉販購買豬肉，也要記得把去下的骨頭帶回家，可和肉捲一起放在烤盤裡烘烤。我喜歡偷偷地啃它們：廚子的專屬美味。

烤箱預熱至200℃／熱度6。打開里肌肉準備填餡，使豬肉和你的正面垂直，較厚的那部分在左邊（我是右撇子）。現在從較厚部分的頂部開始，一路往下切，這樣你就可以像翻書般地往左打開。如此一來，便有較大的面積可鋪餡料。

把大蒜磨碎（grate）或切碎（mince），將辛香的大蒜泥塗滿肉的表面。取下奧勒岡的葉子，撒上去；梗留著。

將火腿平行地鋪在豬里肌上；順著火腿片的長度，會比較容易將肉捲起來。

把辣椒片撒在火腿上，開始捲肉，從最旁邊開始捲，儘可能地捲緊。每隔3或4公分的間距，用綿繩綁緊，牢牢地打結。若你用文具繩（stationer's string）而非料理綿繩（cook's twine），記得要先把它弄濕。我希望我能教你如何打結，但我自己都搞得歪七扭八。綁緊時，若有人想伸手（或一根手指頭），幫你把結固定好，欣然接受吧。

洋蔥切成厚片，不必去皮，鋪在烤盤底部，以增加豬肉的風味。加入預留的奧勒岡梗，再擺上里肌肉，灑上橄欖油。

烘烤1¼小時：以鐵叉（skewer）插入中央部分的肉，流出的肉汁清澈未含血色，或肉叉溫度計顯示71℃，即代表煮熟了。

烤盤移到耐熱料理檯上，立刻倒入苦艾酒和熱水，並刮取烤盤底部所有富含洋蔥和肉味的渣滓，使其溶解成快速肉汁（gravy）。豬肉可就這樣浸在烤盤的肉汁裡，靜置休息約15分鐘。

準備切肉時，將豬肉移到砧板上，再度加熱肉汁，若已變冷（去除洋蔥）。把肉切成約2公分厚度的肉片，也就是厚度要足以包含內部餡料。同時去除綁縛的料理繩。這樣大小的肉塊，除了兩端不完整的部分，應可切成完美的10片肉捲。

把這些厚實的肉片，放在鋪好的芝麻葉上，肉汁另外盛在小壺裡上桌，或是把肉放在溫過的大盤子上，再倒上一點做好或自然流出的肉汁。取些奧勒岡葉，上菜前撒在肉片上。∎

6人份
去骨去皮豬里肌（loin of pork）
　　1.5公斤
大蒜2大瓣，去皮
新鮮奧勒岡（oregano）數枝，另備
　　上菜用的量
帕馬火腿（Parma ham）100公克，
　　切薄片
乾辣椒片¼小匙
洋蔥1顆，不去皮
橄欖油2大匙（2×15毫升）
不甜白苦艾酒（vermouth）60毫升
沸水60毫升

威尼斯風味燉鍋
VENETIAN STEW

有一道古老的威尼斯料理，當地的方言稱為Manai，是我這道菜的靈感來源。我強調「靈感」這個詞：因為廣義的Manai，是由玉米粥（polenta）、豆子、培根和當地葡萄乾做成。改以豆子、培根和紅菊苣，組合研發出這道粉色燉菜（是我的創新，但真的是從威尼斯而來），以反映大運河（Grand Canal）旁總督府（palazzi）肉桂紅的色調。

我猜這道燉菜的原始版本，使用多脂培根（speck，類似煙燻培根），而非未經燻製的義式培根（pancetta），你可使用任一者。但可能的話，買罐優質義大利伯洛提豆（borlotti）*，罐內的豆汁也可使用；便宜的超市自有品牌，裡面的液體黏稠而味道怪異，坦白說，不宜食用。然而，若它是你唯一可買到的豆子，需要經過徹底洗淨，那麼記得在烹煮時要多加水，確保要蓋過豆子的高度。湯汁會因此變得較稀，但煮好後可把一些豆子壓碎（mash），讓湯汁濃稠些。

我喜歡把這道鹹味燉菜，舀在鮮黃香甜、山丘似的玉米粥碗裡。或者，你也可考慮**第136頁**的「偽薯泥」，我自己則是配上無鹽義大利麵包就足夠了；無論如何，這都是道快速、滿足且夠份量的餐點。

2人份

葡萄乾25公克
沸水125毫升
大蒜油2小匙
義式培根小丁（pancetta cubes）
　150公克，或多脂培根丁
　（speck），或西班牙山火腿丁
　（jamon serrano）
長型紅蔥（echalion or banana
　shallot）1顆，切碎
小茴香籽粉（cumin）½小匙
伯洛提豆（borlotti beans）罐頭
　1罐，400公克
紅菊苣（radicchio）½顆，約125公
　克，切細條

玉米粥（polenta）：
清水675毫升
海鹽1小匙或細鹽½小匙，或適量
即食粗粒玉米粉（polenta）100公克
刨碎的帕馬森起司（Parmesan）
　2大匙（2×15毫升）
無鹽奶油1大匙（1×15毫升），
　15公克

把葡萄乾放在杯子或碗裡，注入125毫升滾水。

把675毫升清水加到鍋裡煮開，準備煮玉米粥。

在直徑28公分、底部厚實附鍋蓋的煎鍋裡，把大蒜油燒熱，將義式培根（或其他替代品）拌炒3~5分鐘，加入切碎的長型紅蔥，續煮3~5分鐘，直到義式培根變得金黃焦脆，紅蔥變軟。

拌入小茴香籽粉（不是正統義大利風味，但威尼斯曾經是香料貿易中心，所以我想加些異國配料也情有可原），加入葡萄乾和泡過的水，加熱到沸騰後，加入伯洛提豆和豆汁（若你手邊的是不適合直接使用的黏稠罐頭，請參照上方說明）。

把鍋裡的材料煮開，加入紅菊苣絲，等到燉菜再度沸騰後，熄火，蓋上鍋蓋，然後準備玉米粥。

在煮玉米粥的滾水裡，加入適量的鹽，慢慢均勻地拌入粗粒玉米粉，煮到質感滑順而濃稠。這裡的水量比一般比例較高，因我希望煮好的玉米粥多一點水分，而非把水分全部吸乾。煮好後離火，拌入帕馬森起司和奶油，調味。盛入溫過上菜的碗裡。

檢查燉菜的調味，和金黃色的玉米粥一起上菜。■

*伯洛提豆（borlotti beans）：腰豆（kidney beans）的一種，粉棕色帶紅棕斑點，又稱紅莓豆（cranberry beans），豆型飽滿，味甜質厚，是許多義大利菜餚的基本豆款。

義大利人極擅於利用低價部位的肉，將這類價格親切的部位料理得美味並物超所值。雖說「披薩醬牛肉beef pizzaiola」起源於拿坡里，全義大利都可看到它的蹤影（更常見的是小牛肉veal和魚排，也用此種方式烹調）。它帶有令人振奮的刺激風味，顧名思義可知，嚐起來與披薩的表面餡料頗為相近。番茄、奧勒岡（oregano）和大蒜通常是必備材料，橄欖和酸豆也頻繁出現；我喜歡加上鯷魚和一點乾辣椒片。

原本的做法，是將便宜部位的肉或魚片，放入帶酸度的醬汁裡烹煮，使質地較強韌的肉質軟化。雖然尊重節儉的傳統美德，使用350公克的牛排做出4人份，但沒有選擇便宜的肉，而且我會先煎好牛排，包在鋁箔紙裡保溫，再處理熱鍋裡的醬料。實際上，我使用的是英國粉紅小牛肉排（rose veal escalopes），需要特別提出。現在許多人抗拒小牛肉，認為違反道德，但你應該了解，英國防止虐待動物協會RSPCA和關懷世界農業組織Compassion in World Farming都提倡食用小牛肉，否則不計其數被宰殺的動物，只是白白浪費，包裝上標示玫瑰小牛肉（rose veal），就表示經人道飼養，我們現在該重新思考檢視這些成見。好了，長篇大論結束。無論使用牛肉或小牛肉，全部的食材只要花5分鐘就可煮好，所以就算沒有省到錢，至少省了許多時間。

披薩醬牛肉
BEEF PIZZAIOLA

在不沾煎鍋裡，把大蒜油燒熱，鍋子的大小要能剛好容納4片牛排或小牛肉排；我使用直徑28公分的煎鍋。

當油熱時，以高溫把牛排或小牛肉排2面各煎30秒（這是三分熟，想吃熟一點就煎久一點），離火，把肉移到大張鋁箔紙上，做成一個包含足夠空間但封緊的包裹。通常我會在此時加鹽，但這裡例外，因為乾燥包裝的橄欖很鹹。若使用普通的去核橄欖，就在每塊肉上撒點鹽。

把鍋子擺回爐上，加入鯷魚，用木匙或類似器具，邊攪拌邊擠壓，使其在油裡融化。拌入乾燥奧勒岡和辣椒片。

放入對切的櫻桃番茄、橄欖、酸豆和紅苦艾酒，煮2分鐘。加入清水，續煮1分鐘。

現在動作要快，在煮醬汁的同時，拆開牛排包裹，把牛肉放在上菜的盤子上，把錫箔紙裡的肉汁倒入鍋裡。再將鍋中的醬汁淋在牛排上，撒上巴西利。

立刻上菜，若想做成4人份而非2人份，就增加一些配菜（side dish）的份量，別忘了這裡的醬汁口味重而濃烈，很適合搭著入口。■

2-4人份

大蒜油1大匙（1×15毫升）
薄片沙朗牛排（sirloin steaks）或粉紅小牛肉排（rose veal escalopes）4片，共約350公克
鯷魚去骨魚片（anchovy fillets）4片
乾燥奧勒岡（oregano）1小匙
乾辣椒片¼小匙
櫻桃番茄250公克，對切
去核橄欖60公克，乾燥包裝者為佳
瀝乾的酸豆2大匙（2×15毫升）
不甜紅苦艾酒（vermouth）2大匙（2×15毫升）
清水2大匙（2×15毫升）
切碎的新鮮巴西利（parsley）1大匙（1×15毫升），上菜用

法國人或美國人，也許以他們自己的牛排為傲，但我覺得義大利人不費吹灰之力便能贏得冠軍。沒有誰能打敗 tagliata（讀音：塔-裡-阿-塔）的終極美味：大塊多汁的鮮嫩牛排，足夠一桌子的人共享，切成薄片後（tagliata 就是切的意思），通常襯著芝麻葉上桌，再撒上一些現磨的帕馬森起司（Parmesan）。我寫過這樣的食譜，但我想也許可以減少份量，做成簡單的上班日牛肉大餐。

也就是說，你不用特地請肉販切一大塊牛排，直接用超市購買的一塊沙朗牛排（還是得用上好品質的肉，否則就別做了），不必特意緊縮便可餵飽兩人；而所謂的「醃醬 marinade」其實是加熱烹調後的調味淋醬（dressing），順理成章的如此用吧。它的口味頗為辛辣刺激，櫻桃番茄既用來調味，也可算是配菜。當然也可以加上馬鈴薯，蒸馬鈴薯很適合用叉子一戳，沾裹上辛辣的醬汁食用，雖然，貪嘴的人顯然會更中意第138頁的「托斯卡尼炸薯條」。我自己是只要有幾塊麵包搭配就心滿意足。我兒子（非常愛這道牛肉）也是這樣想。

雙人牛肉片
TAGLIATA FOR TWO

2人份
特級初榨橄欖油2大匙（2×15毫
　升），另備塗抹牛肉的用量
乾辣椒片½小匙
乾燥奧勒岡（oregano）1小匙
海鹽比1小匙少些，或細鹽½小匙，
　或適量
紅酒醋（red wine vinegar）2小匙
沙朗牛排（sirloin steak）1片，
　約300公克
櫻桃番茄250公克，對切
新鮮奧勒岡（oregano）數枝
　（可省略）

把橫紋鍋（griddle）燒熱，鑄鐵鍋或不沾厚底煎鍋皆可。

在可放入牛排的小盤子裡，把特級初榨橄欖油、辣椒片、乾燥奧勒岡、鹽和紅酒醋充分混合。

在肉上塗上薄薄的一層油，放入燒熱的橫紋鍋（或煎鍋），每面各煎2分鐘，然後移到裝了辣椒醃醬的盤子上，將煎好的牛排每面各醃2分鐘。牛排會是三分熟（rare），這是它該有的熟度－若你要煎久一點，我也不會攔你。

把醃浸好的牛排移至砧板，準備切片，同時將櫻桃番茄放入醃醬盤，切面朝下。牛排斜切成薄片，擺放在上菜盤或2個晚餐盤上。

把番茄在醃醬裡輕輕壓一下，然後將番茄和醃醬全部倒在肉片上。有的話，加上幾片新鮮奧勒岡葉，立刻上桌。■

肉披薩
MEATZZA

以重覆點菜率與在場人士滿意度來看，這道菜是本書所有食譜中的第一名（當然，這項統計是在本書出版之前）。（我承認手上的統計樣本，來自我家的青少年市場，結果當然傾向他們的口味）肉披薩引人發噱。不過，在料理上俏皮，是特意為了讓人開心：它看起來像披薩，但底部其實是肉丸餡做成，不搓成丸狀，而簡單地壓平在烤盤底部，有點像多汁的平坦肉捲（meatloaf），或是義大利文的polpettone（肉捲）。

我的靈感，首先來自吉力安諾賀贊Giuliano Hazan*在《Every Night Italian》裡的「肉派風Meat Pie Style」（我的版本偷懶得多，經過簡化）。但將它命名為「肉披薩Meatzza」的，乃是吃遍美食、妙語如珠、偉大的艾迪維特Ed Victor*。

接著，我也開始不斷思考哪個義大利名詞，能夠表達出同樣的雙關語（pun），而我（到目前為止）所能想到的是polpettizza，這或許不是什麼大不了的義大利式幽默。的確，義大利人很認真看待傳統，但我不擔心，也希望他們別介意，因為這道菜真是美味至極。更重要的是，這道食譜似乎越來越受到重視，因為現今許多父母嚴格禁止小孩（尤其是極為年幼的）接觸麩質（gluten）；因此我在這裡提供燕麥片的選擇，來取代麵包粉，效果不錯。總之，這是非常適合孩子的晚餐。我家小孩喜歡瑪格麗塔肉披薩（Meatzza Margherita）的版本，所以我的配料很簡單，而你當然可以自選想要的餡料。

4-6人份

牛絞肉500公克
刨碎的帕馬森起司（Parmesan）3大匙（3×15毫升）
麵包粉（breadcrumbs），或燕麥片（porridge oats）（非即食）3大匙（3×15毫升）
切碎的新鮮巴西利（parsley）3大匙（3×15毫升）
蛋2顆，稍微打散
大蒜1瓣，去皮
鹽和黑胡椒粉適量
奶油，塗抹鍋子用
碎粒番茄罐頭（chopped tomatoes）1罐，400公克，瀝乾
大蒜油1小匙
乾燥奧勒岡（oregano）1小匙
莫札瑞拉起司（mozzarella）1球（非水牛乳），瀝乾重量125公克，對切後切片
新鮮羅勒葉（basil）數片

烤箱預熱至220℃／熱度7。

在大碗裡，用雙手把絞肉、帕馬森起司、麵包粉或燕麥片、巴西利和蛋拌勻。刨入大蒜（或切碎後加入），加入少許鹽和胡椒粉。不要過度用力，只要讓材料稍微混合即可，否則牛肉會變得太過緊密。

在直徑約28公分的圓形淺烤盤內，塗抹奶油，放入牛絞肉，用手指輕按，使牛絞肉均勻地覆蓋整個底部，把調味的絞肉想像成披薩麵皮。

確定罐頭番茄裡的水分已盡量瀝出，然後把番茄碎、大蒜油、奧勒岡、少許鹽和胡椒粉混合，用抹刀輕輕地塗到肉餡表面上。擺上莫札瑞拉起司片，放入烤箱20~25分鐘，絞肉應已熟且稍微定型，莫札瑞拉起司也融化了。

烤箱取出後靜置5分鐘，以少許羅勒葉裝飾，像披薩般上桌切片後食用。■

*1. 吉力安諾賀贊Giuliano Hazan，食譜作者並周遊各地教授推廣義大利料理。2. 艾迪維特Ed Victor，奈潔拉經紀公司總裁。

每當家裡菜單上出現肉丸，總是一陣歡騰，以下的食譜可使你在數分鐘內將一切搞定。我不用混合絞肉（或好幾種肉類）、帕馬森起司、大蒜、巴西利和蛋來做肉餡，只要把約半公斤的義大利香腸肉餡擠出，揉成櫻桃番茄大小的肉丸即可。這倒不是簡化了多少製作步驟，而是在採買時省事多了，也不會佔了冰箱太多空間。不過，現在我可不敢說，我家小孩也許還更偏好這個版本呢。

若不易買到義大利香腸也不用擔心；我把這個食譜給我一個住在倫敦的義大利朋友，－諷刺的是－她竟然選擇英格蘭本地的 Porkinson 香腸來做。如果連她都覺得這種選擇可接受，那就…

香腸變肉丸
SHORTCUT SAUSAGE MEATBALLS

把香腸肉自腸衣擠出，揉成櫻桃番茄大小的肉丸，放在襯著保鮮膜的烤盤裡。應可做出約40顆。

在底部厚實的大型平底鍋，或可直火加熱的燉鍋（flameproof casserole）裡，把油燒熱，加入肉丸煎到金黃；若無法一次放入全部的肉丸，可把煎得較熟的肉丸往上推，騰出空間煎之後下鍋的。

當所有的肉丸都在鍋裡煎到上色後，加入青蔥和奧勒岡，稍加攪拌。加入白酒（或苦艾酒）和碎番茄，然後在空罐裡注入半罐冷水，隨後把水倒入另一個空罐，再加入鍋裡。這個「罐對罐」的技術只是我盡可能地把番茄殘渣沖出來的方法。

丟入月桂葉，讓鍋子加熱到煮沸。不加蓋，如此續煮20分鐘，直到醬汁稍微收至濃稠且肉丸煮透。檢查醬汁調味，如有需要，可多加些鹽和胡椒粉。

其間，你可準備其他搭配肉丸的配菜，無論是義大利麵或米飯，隨你。

肉丸煮好後可立刻食用，或熄火擺爐上15分鐘。醬汁會因而稍微收乾。若你的食客不是怕綠葉的小孩，上桌時可撒些巴西利。■

4人份，*可製作約40顆肉丸*
義大利香腸（Italian sausage）
　　450~500公克
大蒜油2大匙（2×15毫升）
青蔥粗肥的4根，或細瘦的6根，
　　切細片
乾燥奧勒岡（oregano）1小匙
白酒或苦艾酒（vermouth）60毫升
切碎的罐頭番茄（chopped
　　tomatoes）2罐，每罐400公
　　克，另備½罐清水沖洗空罐內部
月桂葉（bay leaves）2片
鹽和黑胡椒粉適量
切碎的新鮮巴西利（parsley），
　　上菜用（可省略）

另一道使用義大利香腸的食譜，而且我特別指定這個種類：義大利香腸的含肉量是百分之百，且灌製鬆散；比肉質較細、質地緊密的英國香腸還快熟。我曾經用過普通的義大利新鮮香腸（salsicce）來做這道菜，但食譜本身已帶有黑手黨食物的氣氛（我覺得我的名字該叫 Knuckles Lawsoni，並且腰間佩上一把槍來用餐），或許我們應該用辛香的茴香香腸來代替。

你可以選用食物櫃裡任一種罐頭豆子；伯洛提豆（borlotti）或坎尼里尼白豆（cannellini）也很適合。同樣地，一般的罐裝番茄也可取代櫻桃番茄。但可別省略燒烤過的甜椒。它的風味－香甜的煙燻味－不可或缺。

香腸、豆子和甜椒
SAUSAGES WITH BEANS & PEPPERS

4人份
大蒜油1大匙（1×15毫升）
義大利香腸 450公克（5~6條）
不甜紅苦艾酒（vermouth）60毫升
罐頭奶油豆（butterbeans）* 2罐，
　　每罐400公克，瀝乾
燒烤過的甜椒（flame-roasted
　　peppers）1瓶，290公克，瀝乾
　　後的重量為190公克，瀝乾後剪
　　成入口大小
罐頭帶汁櫻桃番茄（cherry
　　tomatoes in juice）1罐，
　　400公克
月桂葉（bay leaves）3片
鹽和黑胡椒粉適量

在淺底可直火加熱的燉鍋（flameproof casserole），或附鍋蓋底部厚實的平底深鍋裡，把大蒜油燒熱，將香腸煎上色，但記得義大利香腸上色不深。

鍋子離火片刻，倒入紅苦艾酒，放回爐上繼續加熱，讓苦艾酒沸騰一會兒，然後加入瀝過的豆子、瀝乾且剪小的甜椒和罐頭番茄。

現在，在番茄空罐裡注入半罐清水，把水倒入鍋裡，並加入月桂葉以及適量的鹽和胡椒。

加熱到沸騰後轉小火，蓋上鍋蓋，煨煮（simmer）15分鐘，至香腸熟透。

打開鍋蓋，把火稍微轉大，再煨煮5分鐘，直到醬汁稍微濃稠。

現在熄火，用料理夾（方便起見）把香腸移到砧板上，可以的話，以小斜角切成厚片。不切也行，但切片後份量看起來較多。把香腸片放回鍋裡，直接自鍋子分盛取用，或把豆子舀到淺碗裡，再擺上香腸片。兩種方式皆可，接著再配一大塊麵包一起上桌，讓眾人fare la scarpetta用麵包浸入湯汁中享用。■

＊罐頭奶油豆（butterbeans）：大型乳白色或近白色豆子，口感鬆軟綿密、滋味平實，因此適用於燉菜，可吸取所有食材風味。

我滿心期待著有人會從1980年代打電話來，向我要回這老掉牙的食譜，但我的解釋是，這不但簡單快速（準備工作）且滋味絕妙（這是重點），我也沒建議你像那個時代一樣，搭上奇異果切片或覆盆子油醋醬。

我的做法是，把煮熟的鮟鱇魚切成厚片，使其易於定形，再把這些大徽章（這步驟遵循時代特色）擺在上菜的大盤子或個人餐盤上，底部鋪上深紅色的紅菊苣葉：這些一口即可咬定的小魚捲，再美味精緻不過。

總而言之，如果你想要一個浪漫的小晚餐，我極力推薦這個食譜。

鮟鱇魚，迷迭香、檸檬和帕馬火腿
MONKFISH WRAPPED IN ROSEMARY, LEMON & PARMA HAM

烤箱預熱至220°C／熱度7。

把切碎的迷迭香和磨碎的檸檬皮，撒在砧板上，將鮟鱇魚片在這細緻的混合物上滾動。魚表面的濕度應可沾黏所有香料。

用粉紅色貓舌頭般的火腿片包裹鮟鱇魚片，好似綁火腿繃帶，讓薄火腿片稍微重疊，使魚肉完全被覆蓋。

在淺烤盤（roasting tin）裡澆上橄欖油，放入火腿魚片捲。烤15分鐘，或直到魚剛好烤熟。

把烤盤從烤箱取出，把魚移到砧板靜置休息2~3分鐘，同時在上菜的大盤子上，佈置紅葉床（若你喜歡，可滴些特級初榨橄欖油、擠些檸檬汁在菜葉上）。把魚切成粗斜塊，小心地維持火腿包裹的原狀（做起來沒有那麼難），擺到菜葉上，立刻上桌。∎

2人份
迷迭香（rosemary）2枝，僅取葉片，切碎
未上蠟的磨碎檸檬皮（zest）½顆
鮟鱇魚去骨魚片（monkfish tail fillets）2片，每片約150公克
帕馬火腿（Parma ham），或聖丹尼爾火腿（prosciutto di San Daniele）75公克，薄片
橄欖油1大匙（1×15毫升）
紅菊苣（radicchio）或其他紅葉蔬菜，上菜用（可省略）
特級初榨橄欖油和檸檬汁，上菜用（可省略）

墨魚和鮮蝦，辣椒和馬郁蘭
SQUID & PRAWNS WITH CHILLI & MARJORAM

我前一本書《Kitchen》裡，已經有一道菜叫做「速時海鮮晚餐 Speedy Seafood Supper」，否則這道菜的名字肯定就是它了。這絕對是極快速的海鮮饗宴：我估計，若把所有材料備好就緒，準備開工，5分鐘內便可完成。其實，準備工作也不多：一根辣椒和一把香草要切碎，還要磨一點大蒜和檸檬皮。我買的明蝦是已剝好殼的，墨魚也已清理好切成圈狀。

的確，若你冰箱裡備有冷凍蝦和墨魚（永遠是明智的），早上上班前隨手放入冷藏室解凍，回家後不消片刻，即可享有一頓優雅滿足的晚餐，在上班日的夜晚招待訪客也自在輕鬆。

若想要做成份量較小，普通週間享用的晚餐（這道菜的美味其實一點也不普通），只需把海鮮的份量減半，或只使用鮮蝦或墨魚。

若時間允許，我喜歡搭配原味的義大利黑米（見**第 xii 頁**），不僅因為色彩上的戲劇呈現，也因為醬汁可充分被吸收。若要讓以下建議的份量，能餵飽更多人，可煮包直麵，拌上充滿檸檬、辣椒與馬郁蘭香風味的海鮮，記得添點煮麵水使醬汁乳化融合。

在夏天，或方便迅速上菜為第一考量時，可在上菜的大盤子裡（要有邊，以防檸檬汁流逸）鋪放上芝麻葉。

馬郁蘭（marjoram，義大利文 maggiorana）的葉片，比它的親戚－奧勒岡（oregano）更柔軟，也略甜，若你要用奧勒岡代替，也不會搞砸這道菜。

4人份

橄欖油3大匙（3×15毫升）
紅辣椒1根，去籽（想要的話），
　　切碎
未上蠟的磨碎檸檬皮（zest）和果汁
　　1顆
大蒜1瓣，去皮
新鮮巴西利（parsley）1小束，
　　僅取葉片，切碎，約3大匙
　　（3×15毫升）
新鮮馬郁蘭（marjoram）1小束，僅
　　取葉片，切碎，約2大匙（2×15
　　毫升）
處理過的墨魚350公克，冷凍墨魚
　　要先解凍，切成圈
去殼明蝦（king prawn）20隻，
　　冷凍蝦要先解凍，共約300公克
海鹽1小匙或細鹽½小匙，或適量

在中式炒鍋或類似的寬鍋裡，把油燒熱，加入切碎的辣椒（嗜辣者可帶籽）和檸檬皮，稍微翻拌一下。好好享受這片刻的芳香吧。

刨入大蒜（或切碎後加入），同時加入⅓切碎的巴西利和馬郁蘭，快速拌炒一下，加入備好的墨魚和鮮蝦。快炒約2~3分鐘，直到海鮮剛好炒熟。

加入一半的檸檬汁和大部分剩下的香草，拌炒約30秒。嚐一下味道，看看要不要加鹽或更多檸檬汁，把海鮮分盛入溫過的餐盤上，撒上剩下的巴西利和馬郁蘭碎。■

鱈魚，嫩莖青花菜和辣椒
COD WITH BROCCOLI & CHILLI

這道食譜的發想，來自傳統居家的嫩莖青花菜義大利麵，雖然是在義大利朋友家吃到的菜色，但可不會在餐廳的菜單上這樣簡樸地出現（這可不易討好大眾：嫩莖青花菜要煮到熟透，雖然滋味頗佳，但－我必須坦白說－已轉成風采欠佳的土綠色）。我想，現在大家該開始學習並了解義大利人烹煮蔬菜的方式－習慣法式飲食傳統的人，會說是煮得過熟－並接受喜愛這柔軟的鹹味口感，但在此之前，不妨先嘗試以下的食譜吧。

在這裡用鱈魚來搭配，嫩莖青花菜在鍋裡不會加熱得太久，因此其風味雖得以完全釋放，口感卻不會太軟爛，顏色也不至於太過黯淡。同時，這也是取用日常簡單食材，創造出宴客美味的好點子：以下食譜是2人份，但也可變成上班日宴客晚餐的一部分。

這樣料理過的嫩莖青花菜，真的別有一番滋味，要知道，我可是對芸苔屬蔬菜（brassicas）有偏見的人。做法基本上就是，讓鯷魚去骨魚片在油裡加熱，並在混合了辣椒大蒜的醬汁裡融化，然後拌入一些嫩莖青花菜（tenderstem broccoli，又稱broccolini），加少許水和多一點苦艾酒（若恰好有已開瓶的白酒，儘管用），來烹煮這些細長的蔬菜。因為嫩莖青花菜在這裡既是配菜，又具調味功能－我會倒在煮好的鱈魚上上菜－所以當魚片從鍋裡移到盤上時，魚片是否破裂並不重要，如此，當作宴客菜時也不需有壓力。我用的嫩莖青花菜份量頗大－這裡是嫩莖青花菜佐鱈魚，而不是鱈魚佐嫩莖青花菜－但我就是喜歡這樣的比例。

對了，也不是非用鱈魚不可：請儘管使用本地出產、肉質不會太細緻的魚。或者，也可回到原始版本，嫩莖青花菜義大利麵pasta con i broccoli。這道食譜再簡單不過了：準備2人份時，如下一頁的做法來烹煮嫩莖青花菜，但時間拉長到2倍，約15分鐘，先拌入一杯濃縮咖啡杯（espresso cupful）份量*的煮麵水到煮軟了的嫩莖青花菜中，再加入150公克（不要多於這個量）煮熟的義大利麵。我喜歡鋸齒邊的寬麵（pappardelle），撕成小段再煮，不過傳統上用的是spaccatelle（C型具空隙的管狀義大利麵）。當成配菜或單吃，這樣料理出來的嫩莖青花菜會令人上癮，我相信－至少我希望－你一定會發現。

最後叮嚀：厭惡鯷魚者，可以用2片切碎的培根代替。

＊濃縮咖啡杯（espresso cupful）份量約80毫升。

在附鍋蓋的中式炒鍋（或其他寬而深的鍋子）裡，把2大匙油燒熱，加入鯷魚去骨魚片，轉小火並不斷攪拌，使其融化在油裡。

刨入大蒜（或切碎後加入），加入¼小匙乾辣椒片，在溫熱的油裡攪拌30秒後，加入嫩莖青花菜，再攪拌混合。

加入苦艾酒（或白酒），加熱到沸騰，加入水，再度加熱到沸騰，蓋上鍋蓋，把火轉到最小，煮7分鐘，直到嫩莖青花菜變得嫩脆（若嫩莖青花菜較粗，就多煮2~3分鐘）。

同時在小型平底鍋裡，把剩下的橄欖油燒熱來煎鱈魚；視厚度及魚肉溫度而定，通常每面要煎2~3分鐘，外加在溫過的盤子上靜置休息1~2分鐘。

一旦鱈魚和嫩莖青花菜都煮好了，為嫩莖青花菜調味，舀到裝了鱈魚的盤子上，必要的話，可再撒上一些乾辣椒片或新鮮辣椒，增加明亮色彩。看到鱈魚和嫩莖青花菜的白綠搭配，我會手癢忍不住完成三色旗的擺盤裝飾。■

2人份

橄欖油3大匙（3×15毫升）

鯷魚去骨魚片（anchovy fillets）
　4片

大蒜1瓣，去皮

乾辣椒片¼小匙，或依喜好更多

嫩莖青花菜（tenderstem
　broccoli）250公克，經修剪

苦艾酒（vermouth）或不甜白酒
　60毫升

剛自水壺煮開的熱水60毫升

鱈魚去骨魚片2片，每片約150公
　克，厚度不超過3公分，去皮者
　為佳

鹽和胡椒粉適量

新鮮紅辣椒，去籽切碎，上菜用
　（可省略）

每次在義大利餐廳，看到菜單上有"炸櫛瓜 zucchini fritti"時，我一定會點。這些裹上薄薄麵衣的炸櫛瓜條，有著難以抗拒的魅力，我本來想放入這道食譜。但只要用小份量做一次，你就知道還不如去餐廳享用。不過，義大利人油炸小口海鮮和魚的傳統，倒可以在家操作，只要份量不過大。所以，我借用傳統炸櫛瓜的麵糊配方，用來沾裹甘甜的蝦肉和透薄的檸檬片－齒頰留香且時髦迷人。就算是一小匙的麵糊，我也無法忍受浪費，所以我讓殘餘的麵糊，沾裹上鼠尾草及巴西利葉，最後撒在盤子上。成品就是（很簡單的）義大利天婦羅。

義大利式鮮蝦天婦羅
ITALIAN TEMPURA PRAWNS

2人份晚餐，*若當開胃菜，可提供多人份*

麵粉50公克

橄欖油1小匙

水龍頭提供的溫水約60毫升

蛋白1個，可使用盒裝蛋白

沒有特殊氣味的蔬菜油約1.5公升，油炸用

末上蠟的檸檬1顆

去殼明蝦（king prawn）15隻，共約250公克，用廚房紙巾把水拍乾

新鮮小片鼠尾草嫩葉（sage）4~6片，非大而粗糙的老葉（可省略）

新鮮巴西利（parsley）數枝

將麵粉和橄欖油放入碗裡稍微攪拌，開始慢慢加入60毫升溫水，逐次加少量，同時攪拌到質地滑順，如濃縮鮮奶油（double cream）般的質感。其間水量可依狀況調整。

在另一個碗裡，把蛋白攪拌到濃稠並定型（只是1個蛋白，不需用到機器）。把蛋白輕輕拌到麵糊裡（fold into），冷藏約30分鐘。

時間快到時，在小平底深鍋內把橄欖油燒熱，縱向對切檸檬，其中一半橫切成薄片。剩下另一半再對切，放在上菜的盤中，食用時擠檸檬汁在蝦子上（想要的話）。

要確認炸油是否夠熱，可丟入1小方丁的麵包，若麵包立刻發出嘶嘶聲，那就差不多了（也就是180℃的溫度）。要全程仔細留意油鍋。

另取一碗，倒入小份量的麵糊－約3大匙－放入4或5隻生蝦，用小刮刀攪拌，使蝦子完全沾裹上麵糊。

小心地把生蝦，逐隻地慢慢接近油面，放入油鍋中，一旦轉成金黃色（不到1分鐘）就用濾杓撈起，放在襯有廚房紙巾的盤子上。因為食譜配方寫的蝦子數量是奇數，因此可讓第一隻蝦子稍微放涼後，切開來看看有沒有熟透。

用這樣的方式把所有的生蝦炸完，每次將少量的麵糊倒入碗裡，使每批蝦子都能沾覆上份量剛好的麵糊。檸檬片也是同樣的做法，就算它們僅需要炸幾秒鐘。

然後快速地把香草沾裹上麵糊，先下鼠尾草（如果有找到小葉片的話），再下巴西利，然後放入油炸。它們幾乎是馬上就會變得酥脆，所以趕快撈起後把鍋子離火。

把所有鮮蝦和檸檬片天婦羅，放在溫好的餐盤上，撒上酥脆香草，立即上菜。■

有天傍晚，我在看自己網站上的社群食譜（community recipes），看到一道「托斯卡尼牛排韃靼Tuscan steak tartare」。我喜歡它的概念，但知道自己不可能在家做。我知道這不合邏輯，簡直是荒謬，但因為某種奇怪的理由，我就是覺得只能接受在餐廳裡食用生肉。同樣奇怪的是，我對魚肉卻沒有這樣的執著，因此「托斯卡尼鮪魚韃靼」就這樣產生了。

必要條件是：魚肉必須從魚販購買，而非超市。我甚至會事先告訴他，我是要拿來生吃的，因此必須是生魚片等級的鮪魚。我覺得買1公分厚度的鮪魚片比較方便，但這也非絕對必要。而且要記住，將魚肉切碎時，必須真的用手來切，不管用料理刀或香草刀（mezzaluna）皆可，但萬萬不可絞碎或放入食物調理機。

對我來說，這是和女性好友共享的完美夏日晚餐。我想要先來杯清新的冰鎮白酒或粉紅酒（用餐時繼續小酌），然後搭配烤麵包（粗獷的鄉村厚片或小三角白吐司皆可）。但我最愛和這道鮪魚搭配的，是滾燙的「托斯卡尼炸薯條」（見**第138頁**），只是這當然就避免不了要下廚開火了。餐後，最好來點白色水蜜桃。或你堅持的話，試試**第152頁**的「甘草布丁」。光是想像這一切，就令我感到無比的幸福！

托斯卡尼鮪魚韃靼
TUSCAN TUNA TARTARE

在2個晚餐盤或上菜的大盤子裡，擺上芝麻葉，整理成類似花圈狀，盤子中央也需要少許葉片。

用鋒利的刀子將鮪魚切成小塊，然後切碎（用香草刀mezzaluna如果有的話）。

讓鮪魚留在砧板上，刨上檸檬皮（zest），撒上青蔥片、酸豆、鹽和細磨的胡椒粉。用手輕巧且快速的拌勻，放在鋪好綠葉的餐盤中央。

替芝麻葉和鮪魚澆上橄欖油，將半顆的檸檬汁擠在周圍的芝麻葉上。不要噴到鮪魚上，否則魚肉會變白。把剩下的檸檬切半，這樣每個人在食用時，可自行擠在鮪魚上。∎

2人份
野生芝麻葉（wild rocket）50公克
生魚片等級生鮪魚300公克
未上蠟的檸檬1顆
青蔥粗肥的1根，或細瘦的2根，
　切細片，粗肥的青蔥要先縱切
瀝乾的酸豆2大匙（2×15毫升）
海鹽1小匙或細鹽½小匙，或適量
胡椒粉
特級初榨橄欖油2大匙（2×15毫升）

每個人都愛大盤烤，不僅是簡單隨興－雖然我承認這是主要原因之一－而且各式食材一起烹煮時，其風味也會彼此融和。義大利雖然沒有正式的傳統大盤烤食譜，至少我不知道，但一鍋煮的料理歷史和托斯卡尼山丘一樣古老，所以對我和所有吃過這道菜的人（包括義大利人）來說，這個食譜是講得通的。

它的風味很義大利－烹煮時，迷迭香和檸檬的味道，會在屋子裡閃爍飄盪－我選用的也是義大利香腸。你要的話，也可用味道淡一點的香腸，通常包裝上標示「甜sweet」，或辛嗆一點的辣椒茴香香腸。當然，若找不到合適的義大利新鮮香腸（salsicce），而用普通肉腸，也不會是世界末日。若想用剁成數塊的全雞，而非僅是雞大腿肉，我也贊同。但我建議不要用去骨雞肉，尤其是雞胸肉。

搞定雞肉和香腸後，我急著要提醒你的是，馬鈴薯塊在烘烤時，會吸取肉汁和檸檬汁，所以要有心裡準備，馬鈴薯不會是完全酥脆的，而是口感頗為濕軟，邊緣帶點焦脆。

我用的是大型淺烤盤，可裝入以下所有食材，有點擠，但無妨。否則，也可用2個普通尺寸烤盤；重點是烤盤邊要矮，邊緣高的話，會使肉和馬鈴薯在烘烤時無法變得金黃焦脆。不只有礙美觀，同時影響口感。

雖然裡頭已有馬鈴薯了，我還是喜歡搭配麵包。我也喜歡搭配扁豆（但僅限於桌上沒有麵包時），若這提議令你心動，看一下**第128頁**。至於快速的配菜，可考慮幾罐燒烤過的甜椒（flame-roasted peppers），瀝乾後澆上優質橄欖油、紅酒醋和巴西利。Buon appetito用餐愉快！

義大利式大盤烤
ITALIAN TRAYBAKE

4-6人份 Ⓝ

烘烤用粉質馬鈴薯（baking
　　potato）3顆（共約750公克），
　　不去皮，切成2公分塊狀
雞大腿肉（thighs）8塊，帶骨帶皮
義大利香腸（Italian sausage）8條
　　（共約750公克）

▶

烤箱預熱至220℃／熱度7。

馬鈴薯放入大型的淺烤盤裡，加入雞腿肉和香腸。使用2個烤盤時，將以上食材平均分配（烤到一半時，將2個烤盤交換位置並轉換方向）。

將4枝迷迭香，擺放在雞肉和香腸之間，將另外2枝的針葉切碎，產生約2小匙的份量，均勻撒在雞肉上。

接著均匀刨上檸檬皮（zest），並以鹽和足量的胡椒粉調味。淋上橄欖油，烘烤50~60分鐘，或直到雞皮和香腸轉成金黃色，馬鈴薯熟透。完成後，可靜置最多30分鐘再上菜。■

新鮮迷迭香（rosemary）1小束
（6~7枝）
末上蠟的檸檬1顆
海鹽1小匙或細鹽½小匙
胡椒粉
橄欖油4大匙（4×15毫升）

我喜歡義大利的"POLLO AL MATTONE"（意思就是磚壓雞）。我一直以為，這是義裔美國人的發明，而非正統的義大利傳統料理，但最近又有人嚴肅地告訴我，這其實起源於伊特拉斯坎人（Etruscans）。嗯，這很重要嗎？總之它是一項光榮的發明：夠鹹，充滿檸檬味搭上狂烈辛嗆的胡椒，或熾熱燃燒的辣椒風味。

我尤其深愛紐約Sfoglia餐廳的磚壓雞版本－不可思議的鮮嫩，肉質入口即化，檸檬味十足，充滿百里香的芬芳。最近再度造訪後，我知道必須要嘗試自己動手做，結果就是以下提供給你的食譜。使用家庭式烤箱時，我覺得2隻春雞會比1隻雞的效果好，當然這就不能稱為真正的一塊磚烤雞，但其精神相去不遠。雖然這不能算是快速料理，但做法簡單。我可以保證絕對比傳統的做法精簡，就算你不覺得這有甚麼了不起，我也不願藏私。

磚壓雞
CHICKEN UNDER A BRICK

2人份
春雞（poussins）2隻
末上蠟的檸檬2顆，磨碎果皮
　（zest）並擠出果汁
百里香（thyme）8枝
海鹽1小匙或細鹽½小匙，或適量
粗磨胡椒粉，或乾辣椒片½小匙
橄欖油60毫升
大蒜2瓣，去皮

建築用磚塊2塊，用鋁箔紙包好

沿著背骨（backbone）將春雞切開攤平：可使用堅固的料理剪剪開。

在大型冷凍袋裡，刨入檸檬皮、擠入檸檬汁，摘下百里香葉，一起放入。

在袋裡撒入鹽、磨好的胡椒粉或乾辣椒片，倒入橄欖油，最後刨入大蒜（或切碎後加入）。

放入清理好的春雞，封緊，儘可能地讓醃汁佈滿攤平的春雞。把袋子放在盤上，放入冰箱，擺放一天或隔夜。

要準備烹煮春雞時，將烤箱預熱至200℃／熱度6，並取出春雞回復到室溫。

在爐上開火加熱要送進烤箱的烤盤（roasting tin）或橫紋鍋（griddle）。春雞自冷凍袋裡取出（醃汁留待備用），放在烤盤或鍋裡，皮朝下。

把磚塊壓在春雞上，以中火加熱5分鐘。

立刻把春雞送入烤箱，連同壓在上方的磚塊，烤15分鐘。

把橫紋鍋或烤盤自烤箱取出，戴隔熱手套，小心地移除磚塊，然後將春雞翻面。把剩餘的醃汁均勻淋上攤平的春雞，再放上磚塊，送入烤箱續烤15分鐘，直到流出的肉汁不帶血色。

將春雞自烤箱取出，小心地移除熱磚塊，將每隻春雞分切成4大塊，淋上鍋裡剩餘的濃郁醬汁。配菜只需要麵包和綠葉沙拉就夠了。 ■

基本上來說，我的義大利品味比較受到北義的影響，多於南部；非地中海區的義大利總是吸引我，而且不僅僅只在餐桌上。

儘管如此－也許是因為年齡增長沉澱－現在我似乎開始接受溫暖的南義風味，愉快地使用番茄和甜椒，還對結果十分滿意，這真不像以前的我。你在這道燉菜就可以看到：它有著令人振奮的南方風味，燒烤甜椒的濃郁甜味（是我廚房食物櫃的必備品）足夠平衡番茄的酸味。

當我做給孩子們當晚餐時，通常會搭上一碗米麵（orzo）（見右圖）；但若是為自己做，一些汆燙菠菜和美味麵包則是我唯一選擇。

雞肉，番茄和甜椒
CHICKEN WITH TOMATOES & PEPPERS

把油倒入小型、可直火加熱的燉鍋（flameproof casserole），或底部厚實的平底鍋（我用的是直徑20公分的老舊上釉鑄鐵鍋），加熱長型紅蔥，不時攪拌直到變軟：約需3分鐘；洋蔥可能會更久一點。

加入雞塊和乾燥奧勒岡，攪拌混合。加入馬莎拉酒，加熱到沸騰，立即倒入切碎的罐頭番茄和鹽。

在空罐裡注入半罐清水，倒入鍋裡，盡可能把番茄殘渣倒出來。

瀝乾甜椒，用剪刀（比較方便）剪成一口大小，加入鍋裡，煮到沸騰，把火轉小，不加蓋煨煮（simmer）20分鐘，直到醬汁有點濃稠，雞肉煮透。盛入大碗或數個個人餐碗裡，喜歡的話也可留在鍋裡直接上菜。■

3-4人份
大蒜油1大匙（1×15毫升）
長型紅蔥（echalion or banana shallot）1顆，或小型洋蔥1顆，去皮切碎
去骨雞大腿肉（thigh）500公克，切成一口大小
乾燥奧勒岡（oregano）1小匙
馬莎拉酒（Marsala）2大匙（2×15毫升）
碎粒番茄罐頭（chopped tomatoes）1罐，400公克，另備清水沖洗空罐內部
海鹽1小匙或細鹽½小匙，或適量
燒烤過的紅椒（flame-roasted red peppers）1瓶，290公克，淨重190公克

雞肉，茵陳蒿綠莎莎醬
CHICKEN WITH TARRAGON SALSA VERDE

茵陳蒿，另一個美麗的名字是「龍之提琴 dragoncello」，實際上很少出現在義大利料理，儘管這個國家對大茴香類香料有高度的狂熱。茵陳蒿偶爾出現的時候，多在托斯卡尼；因此，它有時也被稱為 erba di Siena，西耶納的香草。

我們在當地看到茵陳蒿時，主要是做成茵陳蒿莎莎醬（salsa al dragoncello），將茵陳蒿、麵包粉和大蒜經杵捶打，加入橄欖油浸淫風味乳化，製作成芳香的醬汁，通常用來搭配簡單的水煮肉。坦白說，當我第一次製作這道食譜時，不確定是否受到這傳統配方影響：我只想創造出風味突出的義大利綠醬汁，可以和雞肉搭配，對我來說（希望義大利人會原諒我這明顯的法式風格），就代表非用茵陳蒿不可。

雖然我向來公開表達對雞大腿肉的偏好（更美味而且又便宜），這道食譜則需要柔軟細緻的雞胸肉。我覺得以玉米飼養的有機雞胸肉，且帶皮的，能夠做成最鮮美多汁的肉片。

你有多種享用它的好方法。當然可以熱食－或烤好後靜置10分鐘－搭配一些青豆、清脆沙拉以及烘烤馬鈴薯（jacket potatoes），或清蒸小馬鈴薯。不過在夏天，我倒喜歡讓雞胸肉回復到室溫左右（覆蓋並遠離陽光直射約需45分鐘），再切片並製作醬汁。剩下的肉片，搭上醬汁和煮熟瀝乾放涼的螺旋麵（fusilli），便可成為風味迷人（不是傳統義式風格）的義大利麵沙拉。

我總是覺得標出香草的重量有點愚蠢，不過我還是會給出份量做為參考。超市裡一小把（或一小包）的新鮮香草通常是20公克。但其實比例才是關鍵：醬汁裡的茵陳蒿，應該是巴西利份量的四分之一。將小比例的香草作為食譜的特色，似乎有點奇怪，但一點點的茵陳蒿即能綽綽有餘散發飽滿風味。用量過多，會產生細微的農舍霉味；像這裡只用一點點，便能帶出香草的芬芳、清新淡雅而令人回味。

烤箱預熱至220℃／熱度7。

在可進烤箱且能讓雞胸肉緊貼擺放的淺碟或烤盤裡，倒入1大匙橄欖油，雞皮朝上放入。在雞胸肉之間放置2枝茵陳蒿，倒上足量胡椒粉與1大匙橄欖油，放入烤箱20~30分鐘，或直到雞皮呈金黃色且肉質柔軟。

從烤箱取出後靜置5~10分鐘，同時準備醬汁。

將巴西利、茵陳蒿的葉子，以及青蔥、檸檬皮、鹽和3大匙橄欖油，放入適合容器中，用手持式攪拌棒（stick blender）打碎成糊狀，其間緩緩加入檸檬汁和剩下的3大匙橄欖油。靜置一旁來切雞肉片。

把雞肉切成約1公分厚度薄片（若想供更多人食用，可再切薄一點），擺放在上菜的大盤子上。

將烤盤裡收集的肉汁，倒入茵陳蒿莎莎醬裡，再用手持式攪拌棒打一下，適量調味，便可將醬汁澆在柔嫩的雞肉片上。■

6-8人份

雞肉：

橄欖油2大匙（2×15毫升）
帶皮雞胸肉4片（有機且以玉米飼養者為佳）
新鮮茵陳蒿（tarragon）1小束（2枝用來烤雞肉，另備少許葉片做醬汁）
胡椒粉適量（粗磨白胡椒粉為佳）

醬汁：

新鮮巴西利（parsley）1小束，僅取葉片（約20公克）
新鮮茵陳蒿（tarragon）數枝，僅取葉片（約5公克）
青蔥1根（含蔥綠），略微切碎
未上蠟的檸檬磨碎果皮（zest）1顆，檸檬汁½顆
海鹽1小匙或細鹽½小匙，或適量
橄欖油6大匙（6×15毫升）

一道烤雞上桌，總是帶來節慶的感覺；的確，烤雞料理就是值得慶祝。這裡一起上桌的蔬菜，顏色明亮，滋味濃郁，似乎更凸顯了歡樂的氣氛，亮麗溫暖的菜色，取悅了我們的味蕾，也振奮心情。

若你烤盤夠大－烤箱也裝得下－盡可愉快地把蔬菜的份量加倍；這裡的份量，使柔軟的韭蔥甜椒和點綴的鹹味橄欖，只能當成搭配醬汁的一部分而已。雞肉可供4人食用，或勉強撐到6人份，但一個人只能分到一匙蔬菜。我會再添加一道清脆的綠葉沙拉，和一條普里茲麵包（Pugliese）或任何其他美味的麵包，來蘸取少量但夠味的蔬菜及其汁液。我家小孩也喜歡搭配一些簡單的湯用義大利麵－米麵（orzo）或迷你蝴蝶結麵－澆上一點奶油或橄欖油。

義大利式烤雞，甜椒和橄欖
ITALIAN ROAST CHICKEN WITH PEPPERS & OLIVES

4-6人份

全雞1隻（約1.5公斤或再重一點點），
　　有機且以玉米飼養者為佳
未上蠟的檸檬1顆，對切
迷迭香（rosemary）4枝
韭蔥（leek）3根，經清洗和修剪
紅甜椒2顆
橘甜椒1顆
黃甜椒1顆
乾燥包裝去核黑橄欖100公克
橄欖油60毫升
海鹽和胡椒粉適量

烤箱預熱至200℃／熱度6。把雞鬆綁後放在烤盤（roasting tin）裡，將對切的檸檬和2枝迷迭香放入雞的內腔。

每根韭蔥切成3段，再縱切成片，放入烤盤。甜椒去囊去籽，順著弧度曲線切條，也加入烤盤內。

放入橄欖，倒入橄欖油，大部分淋在蔬菜上，小部分在雞身上。剩下的迷迭香、適量的海鹽和現磨胡椒粉，也都加到蔬菜上，以兩支湯匙或抹刀輕輕地翻攪蔬菜，使表面沾滿橄欖油，所有材料混合均勻。

在雞表面撒上一些海鹽，放入烤箱1~1¼小時，這時雞肉應已煮熟，用銳利小刀刺入雞腿最厚的部位，流出的肉汁是清澈的。蔬菜應該也烤軟了，部分韭蔥可能會轉成淡褐色。

把雞移到砧板，靜置休息（約10分鐘），同時把烤盤放回烤箱內並停止加熱。

把雞切大塊後，放在溫過的大盤子上。現在將烤盤自烤箱取出，用濾杓或炒菜鏟將蔬菜放在大盤子上，照個人美感喜好擺放妥當，淋上烤盤裡收集到的所有褐色美味肉汁。■

VEGETABLES & SIDES

蔬菜和配菜

我仍然記得，當年在義大利南部吃茄子的光景，茄子先稍微切碎，撒上乾燥野奧勒岡，澆上橄欖油，再放上一點大蒜和大量紅洋蔥一起烘烤。的確，我住在坎佩尼亞（Campania）的朋友說，她媽媽就是這樣料理茄子的，有時也會順便在烤盤裡加入馬鈴薯塊。

下面的食譜是我的版本：速度較快是沒錯，但我還喜歡它可以當作前菜或開胃菜的一部分，甚至可以撒上一些鹹味瑞可達起司（ricotta salata）－那種鹹味鮮美的半乾燥起司－或用捏碎的菲塔起司（feta），便可當成主菜，當然也可成為肉類和魚類料理的配菜。若要加起司，記得先在茄子上撒起司後，再鋪上被紅酒醋醃漬過、轉為閃耀紫褐色的洋蔥（我鍾愛的老技倆）。

迷你茄子，奧勒岡和紅洋蔥
BABY AUBERGINES WITH OREGANO & RED ONION

6人份，*作為配菜*
迷你茄子（baby aubergines）
　　500公克
烹煮用（regular）橄欖油3大匙
　　（3×15毫升）
乾燥奧勒岡（oregano）2小匙
小型紅洋蔥1顆，切成半月型薄片
紅酒醋3大匙（3×15毫升）
海鹽1小匙或細鹽½小匙，或適量
特級初榨橄欖油4大匙（4×15毫升）
大蒜1瓣，去皮
冷開水1½大匙（1½×15毫升）
新鮮奧勒岡（oregano）數枝
　　（可省略）

烤箱預熱至250℃／熱度9。

茄子縱向對切，茄梗不要切掉；這是美觀考量跟風味無關，純粹自己喜歡。

將3大匙烹煮用橄欖油，倒入非常淺的烤盤（roasting tin），撒上乾燥奧勒岡，放入茄子，切面朝下，稍加滑動打轉。將茄子翻面，使切面朝上，烤盤送入烤箱烤15分鐘，茄子應已變軟，並有部分轉成金黃色。

將茄子送入烤箱後，立即將半月形的薄片紅洋蔥放入碗裡，倒入紅酒醋和鹽浸泡。

將烤好的茄子移到上菜的大盤子上。把特級初榨橄欖油拌到紅酒醋醃漬的洋蔥裡，刨入大蒜（或切碎後加入），最後拌入冷開水。

把洋蔥調味汁倒在溫熱的茄子上，用手將明亮的粉色洋蔥整理妥當，靜置半小時，使之冷卻到室溫狀態，即可享用，有的話，上菜時可撒上新鮮奧勒岡。■

傳統的青醬配方已是完美的極致，因此要做一些更動創新時，我總是有點惶恐。但我的西西里版本（尤其是**第2頁**）成果不凡（雖然仍屬傳統），使我能放大膽子實驗一下，因此我在這裡用開心果來取代松子。結果，坦白說，和四季豆真是天作之合；這是絢麗華美的綠色榮光！

你可自行決定是否採用以下配方，或是回歸標準模式。我必須要說，做給家裡有點挑食的小孩吃，我就完全不加堅果。還有，也許我不該這樣說，但若是你要用幾匙市售青醬代替（只要是在義大利熟食店新鮮現做即可），也不會是世界末日啦！但說真的，也沒甚麼理由不能自己動手做。作法簡單得很（如果你有一支操作簡單而平價的手持式攪拌棒），又可為日常平凡蔬菜，增添一點華麗的宴會風格。

四季豆和開心果青醬
GREEN BEANS WITH PISTACHIO PESTO

在鍋裡燒水準備煮四季豆，水沸後加鹽。

接著做青醬：把開心果、帕馬森起司、羅勒和橄欖油放在小碗裡。刨入一點（約¼瓣）大蒜（或切碎後加入），將剩下的大蒜丟進煮豆鍋。用手持式攪拌棒（stick blender）打碎青醬材料，直到變成濃稠的綠色糊狀。

把豆子煮到適口程度（4分鐘後可開始測試），瀝乾豆子前取出一些煮豆水（1~2大匙），加到青醬碗裡，再用手持式攪拌棒快速打一下。

瀝乾豆子（去除已無用處的大蒜），在碗裡和青醬拌一拌，移到上菜的碗裡，然後香氣四溢地捧上桌。∎

4-6人份，*當作配菜*
四季豆（green beans）600公克，
　撕去粗纖維，切半或切小段
海鹽1小匙或細鹽⅓小匙，或適量
去殼開心果（pistachios）3大匙
　（3×15毫升）
刨碎的帕馬森起司（Parmesan）
　3大匙（3×15毫升）
羅勒（basil）1小束，僅取葉片
　（約20公克）
特級初榨橄欖油3大匙（3×15毫升）
大蒜1瓣，去皮

該從何說起呢？瞄一眼就知道作法非常簡單，但其飽滿的風味又帶有悦人的深度，難以相信用這麼少的食材，在這麼短的時間內就可簡單呈現。還有，這可以輕易地轉變成義大利麵的醬汁（可考慮加些撕碎或切丁的莫札瑞拉起司），也可搭配肉類或魚類料理。

我自己偏好（一如往常）不易尋得的乾燥包裝去核橄欖，但你可使用任一種去核黑橄欖（不去核亦可，只需先告知客人）。我覺得粉紅苦艾酒（vermouth）的花香調，能夠完美地平衡番茄的酸味，但要是你用紅或白苦艾酒代替，也無妨。

對了，我有沒有說，單吃只要配上幾塊麵包來蘸取湯汁，會是何等美味？

櫻桃番茄和橄欖
CHERRY TOMATOES WITH OLIVES

4-6人份，_當作配菜_ Ⓝ
大蒜油3大匙（3×15毫升）
切碎的新鮮迷迭香（rosemary）
　2小匙
櫻桃番茄500公克，對切
馬丁尼酒（Martini）或粉紅欽札諾
　酒（Cinzano Rosato）* 60毫升
乾燥包裝去核黑橄欖75公克
切碎的新鮮巴西利（parsley）
　3大匙（3×15毫升）
鹽和胡椒粉適量

把大蒜油和切碎的迷迭香，放入一個底部厚實的不沾中式炒鍋－或寬口底部厚實的平底鍋－要附鍋蓋，以小至中火加熱30秒，使迷迭香在油裡嘶嘶作響且飄出香味。

加入對切的櫻桃番茄，邊煮邊攪拌約1½分鐘，這時番茄應已變軟且滲出濃稠汁液。

加入粉紅苦艾酒，加熱到沸騰，蓋緊鍋蓋續煮1分鐘。

取下鍋蓋，拌入橄欖，加熱到沸騰，不加蓋續煮1分鐘到稍微收汁。拌入大部分的巴西利並調味，盛入溫過的上菜盤裡，可能的話靜置10分鐘，使醬汁更濃稠一點，味道變得圓融。

撒上剩下的巴西利上菜。∎

* 粉紅欽札諾酒Cinzano Rosato，亦是義大利粉紅苦艾酒rose or rosato vermouth。

豌豆和義式培根
PEAS WITH PANCETTA

我喜歡義大利人煮豌豆的方法：事實上，我喜歡他們烹煮所有蔬菜（verdura）的方法。有時候我覺得英國人擁護嘎吱爽脆的蔬菜（通常是比彈牙還彈牙）的心態，是潛意識矯枉過正地，想要彌補蔬菜調味不足或烹煮過熟的可恥過去－那是我們水淹甘藍菜的年代（Waterlogged Cabbage Era）。我的豌豆也並非煮得太久，只是剛剛好的程度而已（約莫20分鐘），使它變軟，甜味得以釋放；就算上桌前看到豌豆翠綠消褪，你應該明白，生意盎然的風味可以彌補單調乏味的顏色。

若要作成素食，或因其他理由不想用義式培根（pancetta），也沒問題；記得再加一顆切碎的長型紅蔥。因為沒有義式培根大量釋放的油脂，一開始也要再多加幾匙大蒜油，之後也要在清水裡添加少許蔬菜高湯粉（vegetable bouillon powder）之類的調味。

提到清水：我知道以大份量的豆子來說，這裡添加的液體似乎過少。這是故意的：我要豌豆在極少量的水裡燜煮（別忘了解凍時也會出水），不經過濾，帶著風味強烈的鹹味湯汁一起上菜。秘訣是，使用一個你認為會過小的鍋子。我用的是最愛的eBay戰利品之一，老舊的20公分 Le Creuset 燉鍋，然後把所有材料擠進去。若用大一點的鍋子，可能需要多點水，但不要超過剛好蓋過豆子的高度。

剩菜可原樣再利用（放入密封盒盡速置涼後，蓋上蓋子，可冷藏保存2天之久），以小火在鍋裡加熱即可；若只剩下一點，可做成義大利麵醬汁－筆管麵（penne）、寬扁麵（tagliatelle）都隨你－加不加額外的鮮奶油（cream）都行；倘若剩很多，就加水煮開，放一些頂針麵（ditalini）之類的湯用義大利麵（soup pasta），在培根豆子湯裡煮軟，熄火靜置5~10分鐘後上桌。

加入薄荷無疑是英式風格，但如同二十一世紀偉大的哲學家女神卡卡 Lady Gaga 所言："寶貝，我天生如此。Baby, I was born this way."

在附鍋蓋，底部厚實的小型平底鍋，或可直火加熱的燉鍋（flameproof casserole）裡（見左頁說明），以中火加熱大蒜油，油煎義式培根，不時攪拌，直到近乎完全酥脆，約5分鐘。

加入切碎的長型紅蔥續煮約2分鐘，不時攪拌，直到義式培根丁酥脆，長型紅蔥軟化。拌入乾燥薄荷。

加入冷凍碗豆，稍微攪拌（若使用小型煎鍋，只需用木匙稍微推幾下），當豆子變得溫熱後，把火轉大，倒入苦艾酒（或白酒），一旦開始沸騰就加入清水淹沒豆子。

加熱到沸騰後轉小火，蓋鍋煨煮（simmer）15分鐘。

取下鍋蓋，把火轉大，沸騰5分鐘，使甜津鹹香的醬汁稍微收稠。

離火，若時間夠且耐心足，讓豆子不加蓋靜置15分鐘再上菜。拌入大部分的新鮮薄荷和巴西利，剩下的撒在表面上。上菜時，我通常會同時準備濾杓和大湯匙，喜歡甜鹹醬汁的人可以自己來，不要醬汁也可輕易瀝回燉鍋裡。∎

6-8人份，*當作配菜* Ⓝ

大蒜油1大匙（1×15毫升）

義式培根丁（pancetta）225公克

長型紅蔥（echalion or banana shallot）1顆，去皮切碎

乾燥薄荷1小匙

冷凍碗豆750公克，不解凍

不甜的白苦艾酒（vermouth）或白酒 75毫升

清水500毫升（或足夠蓋滿碗豆的量）

切碎的新鮮薄荷 2大匙（2×15毫升）

切碎的新鮮巴西利（parsley）2大匙（2×15毫升）

在義大利北部，常常會看到義大利麵撒上以鼠尾草調味的奶油南瓜，我也經常這樣做。而這裡，單吃也很滿足愉快。

我有兩種吃法：第一種是以下夠份量的金黃蔬食；若是主菜也放在烤箱烘烤，沒有足夠空間時，我會先料理它，然後放在烤盤靜置，上菜時再移到襯有芝麻葉的大盤子上，添加幾滴特級初榨橄欖油、檸檬汁和松子。我總是有足夠的時間和胃口享用 Insalata tiepida，溫沙拉。

有許多方法可將它晉升為主菜，但通常我會把烤熱的奶油南瓜和少許扁豆（見**第128頁**）拌一下，然後撒上鼠尾草，省略松子；或是在奶油南瓜芝麻葉溫沙拉中，加上少量戈根佐拉起司（Gorgonzola），然後綴以烘過的松子。

烤奶油南瓜，鼠尾草和松子
ROAST BUTTERNUT WITH SAGE & PINE NUTS

烤箱預熱至220℃ / 熱度7。

奶油南瓜不去皮，但對切去籽，切成可用叉子叉起的大塊，約3~4公分的楔型。

在淺烤盤裡滴入橄欖油，放入南瓜塊，皮朝下。

撕下2枝鼠尾草的葉子，擺放在奶油南瓜的凹周。用烤箱烘烤約40分鐘，或直到奶油南瓜煮透鬆軟。

把一個小煎鍋燒熱，丟入松子搖晃幾分鐘，直到轉成金黃色且烤脆，完成前不要離開鍋子。

把烤好的奶油南瓜移到上菜的大盤子或淺碗裡。均勻擠上檸檬汁，以適量鹽和胡椒粉調味，撒上烤好的松子。

最後，撕下剩餘鼠尾草的葉子裝飾，上菜。■

4-6人份，*當作配菜*
大型奶油南瓜（butternut squash）
　　1顆（約1公斤）
橄欖油2大匙（2×15毫升）
新鮮鼠尾草（sage）3枝
烘烤過的松子（toasted pine
　　nuts）3大匙（3×15毫升）
檸檬汁½顆
海鹽和胡椒粉 適量

燜煮蠶豆、豌豆和朝鮮薊，以及百里香和薄荷
BRAISED BROAD BEANS, PEAS & ARTICHOKES WITH THYME & MINT

這道菜的靈感來源很簡單：基本上就是懶人版的義大利燉春蔬（La vignarola）。「義大利燉春蔬」－不知何故，英國餐廳稱vignole －是一種柔軟芳香的羅馬式春日燉菜，其材料為嫩蠶豆、豌豆和紫色朝鮮薊；的確十分美味。當以傳統（有人覺得這樣才正確）的方式來做時，卻是極費工夫。我並不因自己發明了以下精簡的冷凍包版本為恥。不，我歡欣鼓舞。你若是在四月天造訪羅馬（很值得在地的享用當季美味），也會在各市場看到裝著去莢豌豆、去殼蠶豆和處理好的朝鮮薊的小袋子。我只是碰巧把我的小袋子放在冷凍庫罷了。

不過，我喜歡選用新鮮香草。我曾經用乾燥薄荷和百里香煮這道菜（用了些新鮮巴西利撐腰），但最好還是用新鮮薄荷和百里香：這道燉菜會因此為晚餐生色不少。

傳統上，材料裡會有醃豬頰肉（guanciale）或義式培根（pancetta），而且就算我最喜愛的一本書的標題也說－加了培根什麼都更美味Everything Tastes Better with Bacon，在這裡我傾向不遵守。

這裡所用的鐵三角蔬菜有些注意事項：我在中東商店購買冷凍朝鮮薊底部（不要跟朝鮮薊心artichoke hearts搞混了），把它們（以及嫩蠶豆和豌豆）塞進冷凍庫，如此即可隨興準備料理這道菜；你也可用泡在油裡的瓶裝種類（油要瀝掉），這裡的份量是我買來的袋裝份量，所以不用太拘泥。我知道我說這是一道懶人菜，但我希望蠶豆是去皮的。這不會太難，且頗有成就感：豆子解凍後，一眨眼的工夫，就可將鮮綠的豆子擠壓出來，將它們自外殼中解放。你不用非照做不可。

我通常會事先做好，但不會太早，我偏愛以室溫略高的熱度食用。不過你喜歡的話，也可在前幾天就做好，然後小火加熱（見筆記**第264頁**）。

有剩菜的話（恐怕不太容易），可轉變成天堂般的「春日燉飯risotto primavera」基礎，（照著**第40頁**「辣味蟹肉燉飯」的做法，省略辣椒和番紅花，用1公升蔬菜高湯取代雞高湯。在蟹肉要加入燉飯時的那個步驟，加入蔬菜剩料）。

在附鍋蓋，可直火加熱的厚底燉鍋（flameproof casserole）裡，加熱大蒜油和奶油，加入約5枝百里香的葉子，煮約30秒，然後加入冷凍碗豆。

邊煮邊攪拌，直到碗豆解凍（這不到幾分鐘），加入蠶豆和朝鮮薊片，稍微攪拌混合，然後倒入白酒（或苦艾酒），和清水。

煮到沸騰後加入適量鹽和黑胡椒粉，蓋緊鍋蓋，火轉小，燜煮（simmer）15分鐘，或直到蔬菜甜味滲出且變軟。若你喜歡，可就這樣靜置10~15分鐘（蓋鍋熄火）。

上菜前，拌入切碎的薄荷和巴西利，以及另外4枝百里香的葉子，若有需要，也可滴上幾滴特級初榨橄欖油。■

6-8人份

大蒜油2大匙（2×15毫升）
奶油1大匙（1×15毫升）15公克
新鮮百里香（thyme）1小束
冷凍小碗豆（petits pois）
　　500公克，不解凍
冷凍蠶豆（broad beans）
　　250公克，解凍去皮
朝鮮薊底部（artichoke bottoms）
　　350公克，當半解凍時切成約
　　1公分的片狀
不甜白酒或苦艾酒（vermouth）
　　60毫升
清水60毫升
海鹽和胡椒粉適量
切碎的新鮮薄荷 2大匙（2×15毫升）
切碎的新鮮巴西利（parsley）
　　3大匙（3×15毫升）
特級初榨橄欖油，上菜用（可省略）

這是那種雖然烹調時間不短，但數分鐘即可完成準備的料理之一。因為放涼一會兒會比滾燙上桌的滋味好，你可在著手其他料理前先做這道菜，使烤箱在需要時能騰出空間。

我知道剝除1公斤的洋蔥皮聽起來很累人，但若是先切成四等份，洋蔥皮就會輕易地除下。何況，我也不在意鍋子裡殘留一點洋蔥碎皮。我偏好用小型紅洋蔥，若你只能找到大型的，就切成八等份而非四等份。

這道菜可輕易地成為自助餐會的餐點，但也可作為晚餐或午餐時，烤羊肉（roast lamb）或其他羊肉料理的美味配菜。我也喜歡搭配一盤爐烤哈魯米起司（grilled halloumi）（很不義大利）。若要當作主菜，就在剛出烤箱時，捏碎或點綴一些你屬意的起司－鹹味瑞可達起司（ricotta salata，略為加鹽、半乾燥的種類）、新鮮瑞可達起司（ricotta）、戈根佐拉起司（Gorgonzola）、塔雷吉歐起司（Teleggio），再撒上令人振奮的芳香羅勒。

烤洋蔥和羅勒
ROAST RED ONIONS WITH BASIL

6-8 人份，*當做一餐的一部份* Ⓝ
紅洋蔥 1公斤（小型為佳），切成
　　4等份後去皮
橄欖油125毫升
茴香籽（fennel seeds）1小匙
海鹽1小匙或細鹽½小匙，或適量
優質巴薩米克醋（balsamic
　　vinegar）1小匙，或適量
新鮮羅勒（basil）1大束
　　（約90公克）

烤箱預熱至200℃／熱度6。

把切成4等份的洋蔥放入烤盤（roasting tin）裡，倒入橄欖油，撒上茴香籽，稍微攪拌洋蔥使表面均勻沾裹上；送入烤箱1小時，洋蔥應已熟透軟化。

烤盤自烤箱取出，在洋蔥表面均勻撒上鹽和巴薩米克醋，稍微攪拌，靜置（最久1小時）到室溫狀態，若你偏好吃熱的也行。

上菜時，加入從莖上撕下的羅勒葉，再次攪拌，適量調味。這裡的羅勒份量頗大，請想成沙拉葉而非裝飾用。■

你可以說，這是奶油焗菠菜（creamed spinach）的義大利版本。事實上，嚐起來就像義大利餃裡瑞可達起司和菠菜的混合餡料；看到列出的食材，就會恍然大悟。

我覺得這是燒烤（grilled）牛排或烤雞最完美的配菜，但我也可以就這樣一口一口舀下肚，單吃這柔嫩的蛋香菠菜。

烤菠菜，瑞可達起司和肉豆蔻
SPINACH BAKED WITH RICOTTA & NUTMEG

烤箱預熱至200℃／熱度6，在可進烤箱的烤皿內緣塗抹奶油：我使用一個容量700毫升、略呈橢圓的烤皿。

在中式炒鍋或厚底寬鍋裡，加熱橄欖油和大蒜，直到大蒜變色。

拌入菠菜（剛開始看起來可能會覺得菠菜份量太多），以小火加熱，使菠菜受熱縮到原來的一點點。

把火轉大，注入白酒（或苦艾酒），稍微攪拌，直到菠菜完全萎縮，約需30秒。

離火，拌入帕馬森起司和瑞可達起司，適量調味，加入磨細的肉豆蔻粉。

拌入蛋汁，把蛋汁菠菜移到塗過奶油的烤皿內（我因為偷懶把大蒜粒留著，但你可在此時將其丟棄），在烤箱裡烤10分鐘，至定型。靜置至少5分鐘，但不要超過15分鐘，然後上菜。■

2人份，*當作配菜*
奶油，塗抹烤皿用
橄欖油1大匙（1×15毫升）
大蒜1瓣，去皮
嫩菠菜葉300公克，洗淨拭乾
白酒或苦艾酒（vermouth）2大匙
　（2×15毫升）
刨碎的帕馬森起司（Parmesan）
　3大匙（3×15毫升）
新鮮瑞可達起司（ricotta）2大匙
　（2×15毫升）
現磨胡椒粉和鹽適量
現磨肉豆蔻粉（nutmeg）
蛋2顆，打散

這個食譜可說是一道蔬菜雜燴（hotchpotch），是真的。皺葉甘藍－ verza －總是會讓我聯想到義大利，但每次料理時，我也會想起我母親的烹調方式，加入葛縷籽（caraway seeds），介於快炒和燜煮之間。這裡我用了茴香籽（fennel seeds），算是在兩者之間取得折衷。我還另外添加了馬鈴薯，發揮了一點義大利－愛爾蘭精神。你可以不用加馬鈴薯：我以前也沒這樣的習慣；但有一次，正好手邊有顆剩的馬鈴薯，從此再也回不去了。至於最後加的起司也不是非要不可。若要作成主菜時，我才會加上小塊黏稠的塔雷吉歐起司（Teleggio），若是買不到塔雷吉歐起司，也可用當地風味飽滿的軟起司：卡門貝爾起司（Camembert）應是最顯而易見的選擇。

你可能有興趣知道，吃不完的剩菜還可在隔天做成美味的義大利蛋餅（frittata）。每100公克的甘藍菜和馬鈴薯，用2顆蛋，把蛋打散拌入剩菜裡，舀在融了奶油的平底煎鍋裡，底層煎熟後，送入炙烤架（grill）上快速地把表層烤一下。我正好喜愛冷蛋餅，所以這食譜的額外好處是，又多了一個上班日的午餐便當（但要記得讓蛋餅盡快冷卻、封緊並冷藏）。

縐葉甘藍，馬鈴薯、茴香籽和塔雷吉歐起司
SAVOY CABBAGE WITH POTATOES, FENNEL SEEDS & TALEGGIO

4-6 人份 Ⓝ

大蒜油2大匙（2×15毫升）
馬鈴薯250公克（約為1顆大型馬鈴薯），不去皮切成1公分丁
青蔥6根，切片
茴香籽（fennel seeds）2小匙
皺葉甘藍（Savoy cabbage）1顆
剛自水壺煮開的熱水350毫升
鹽和胡椒粉適量
塔雷吉歐起司（Teleggio）200公克，去外皮（可省略）

在附鍋蓋的大型平底鍋，或厚底中式炒鍋（我偏好用這個）裡，把油燒熱，加入馬鈴薯丁，在熱油裡不時攪拌加熱，約10分鐘，馬鈴薯應剛好熟透。

拌入青蔥和茴香籽，邊加熱邊攪拌1分鐘。

同時，將皺葉甘藍用刀子切成細條狀。馬鈴薯煮好時加入甘藍，在熱鍋裡翻拌一下（我喜歡兩手持炒菜鏟或湯匙操作，好像在拌沙拉），使馬鈴薯與甘藍菜充分混合。注入熱水，加入適量鹽和胡椒粉，快速攪拌一下，蓋緊鍋蓋，把火轉小，煨煮（simmer）10分鐘，直到馬鈴薯和甘藍菜熟透。

離火，把塔雷吉歐起司剝成小塊（要用的話），丟入鍋裡攪拌，使起司在甘藍之中融化。若鍋子不適合用來上菜，就先將甘藍菜和馬鈴薯倒入溫過的碗裡，再加入起司拌勻，使其融化且充分混合。∎

事實上，這道菜不過就是在義大利秋天隨處可見的嫩炒蕈菇，funghi trifolati。或許我用的檸檬份量有點多，但的確能夠帶出蘑菇濃郁香甜而肥嫩的風味。雖然funghi trifolati字面上就是松露風味的蘑菇，但並不表示裡頭有松露（truffle），它指的是和松露相像的牛肝蕈（porcini）。

雖然我喜歡把牛肝蕈想像成松露的概念，但我其實不確定它們真的很像，再說，牛肝蕈在英國並不常見也不便宜，所以我使用任何好取得的綜合蕈菇。（記得蕈菇應以微濕的布或廚房紙巾擦拭，不可用水清洗。）尺寸大的蕈菇我用來切片；小一點的就視狀況切成四等份、對切或保留全菇；我會將菇柄取下，可能的話，切片後一起放入鍋裡烹煮。

若要當作主菜，很適合搭配一大碗的黃金玉米粥（polenta）（依照包裝上的說明烹調）、白色的「偽薯泥」或「焗烤馬鈴薯麵疙瘩」（見**第136**和**131頁**）。配上「番紅花珍珠麥燉飯」（見**第134頁**），也可升級為宴會餐點。用來拌上一團含蛋細扁麵（tagliatelle），同樣豐盛美味。

蒜味蕈菇，辣椒和檸檬
GARLIC MUSHROOMS WITH CHILLI & LEMON

把油倒入底部厚實的平底鍋，或可直火加熱的燉鍋（flameproof casserole），要附鍋蓋，以小至中火加熱。加入巴西利、檸檬皮和辣椒片，刨入大蒜（或切碎後加入），使其杏味飄散出來，但時間要短以免燒焦，我們只是要用油稍微爆香出這美妙的氣味。

把火轉大，加入綜合蕈菇，撒上鹽，稍微攪拌一下使其和芳香的橄欖油充分混合，然後蓋緊鍋蓋。轉小火，煨煮（simmer）10分鐘。蓋上鍋蓋時，綜合蕈菇看起來可能過乾，但10分鐘後取下鍋蓋，會看到出了不少水分。

現在加入檸檬汁，快速攪拌一下，再蓋上鍋蓋煨煮（simmer）10分鐘，直到綜合蕈菇軟化。期間最好查看1~2次－打開鍋蓋攪拌一下即可。

撒些巴西利到綜合蕈菇上，然後上菜。■

4-6人份
橄欖油60毫升
切碎的新鮮巴西利（parsley）4大
　匙（4×15毫升），另備上菜用
未上蠟的磨碎檸檬皮（zest）和果汁
　1顆
乾辣椒片½小匙
大蒜1大瓣，去皮
綜合蕈菇750公克（依本食譜前言
　準備）
海鹽1小匙或細鹽½小匙，或適量

我們英國人，總是將球芽甘藍理所當然地視為聖誕饗宴的基本菜色。它們的確是冬日蔬菜，在霜雪中成長，那些曾經在冰冷早晨痛苦採收的人可以作證。

我把它們收錄在這裡，而不是放在聖誕節的章節，不僅因為我非常愛吃並隨時準備享用，這帶堅果味的烤球芽甘藍；還因為要在準備聖誕午餐的最後一刻騰出烤箱空間，會把神經緊繃了一天的人逼瘋。當然，若你幸運地有雙層烤箱，就視需要增量動手吧。

我特別指定小型球芽甘藍，也就是說葉片仍是緊實收捲，而非散亂蓬鬆的。

烤球芽甘藍，迷迭香、檸檬和佩戈里諾起司
ROAST BRUSSELS SPROUTS WITH ROSEMARY, LEMON & PECORINO

4-6人份，視其他配菜而定
大蒜油 2 大匙（2×15毫升）
切碎的新鮮迷迭香針葉（rosemary needles）1小匙
末上蠟的磨碎檸檬皮和果汁 1顆（檸檬汁可省略）
小型球芽甘藍（Brussels sprouts）500公克，經修剪和對切
刨碎的佩戈里諾起司（pecorino），或帕馬森起司（Parmesan）2大匙（2×15毫升）
鹽和胡椒粉適量

烤箱預熱至220℃／熱度7。

將大蒜油倒入淺烤盤中，加入切碎的迷迭香和磨碎的檸檬皮，放入對切的球芽甘藍，稍微擠壓搖晃一下，讓球芽甘藍盡量均勻地沾裹上香料油，送入烤箱烤20分鐘。

試吃一下（小心燙口），查看球芽甘藍是否熟透－帶點生脆口感也不壞（以此類蔬菜而言）－不夠熟的話再烤4~5分鐘；接著把烤盤自烤箱取出。

把球芽甘藍裝入溫過的上菜大碗裡，撒上佩戈里諾起司，充分混合，再以適量鹽和胡椒粉調味。若想加些磨去檸檬皮後剩下的檸檬汁，也可隨意。■

不加檸檬的話，這是我家小孩最喜歡吃的嫩莖青花菜料理；只要看到廚房桌上有這道菜，他們就會開心地歡呼。很怪吧，但這是真的。我喜歡在盤邊放上檸檬角，來平衡帕馬森起司的濃郁鹹味，但不管加不加檸檬，這道菜皆可為週日午餐，或週間晚餐的蔬菜菜色增添義大利曼波（Mambo Italiano）風情。

在第82頁的「鱈魚，嫩莖青花菜和辣椒」，我說250公克的嫩莖青花菜可供2人食用，但在這裡延伸成4人份。原因之一是添加了額外的起司，但主要是我還想再添一兩道配菜，來搭配烤肉大餐（roast），或比鱈魚更夠份量的主菜。

若想以此當作2人份的主菜，可分盛入2個碗裡再擺上水波蛋（poached egg）。

嫩莖青花菜，檸檬和帕馬森起司
BROCCOLI WITH LEMON & PARMESAN

在鍋子裡燒水準備煮嫩莖青花菜，水沸騰時加入適量鹽，把嫩莖青花菜煮到莖部變軟。瀝乾後放回鍋內，加入磨碎的檸檬皮和果汁，拌勻。

把嫩莖青花菜移到溫過的碗裡，加入帕馬森起司薄片。這並非必要－起司可直接加入嫩莖青花菜的鍋裡－只是事後洗碗比較容易。起司可用削皮器（peeler）刨成薄片，或偷懶的話，直接用超市冷藏櫃已刨好的塑膠罐裝薄片。

加入橄欖油拌勻，使起司薄片開始融化在嫩莖青花菜裡。上菜前，加上適量胡椒粉（想要的話可加鹽，不過應該不需要）。■

可多達4人份，視桌上其他配菜而定
修剪過的嫩莖青花菜（tenderstem
  broccoli）250公克
未上蠟的磨碎檸檬皮和果汁½顆
帕馬森起司（Parmesan）薄片
  30公克，新鮮現刨或超市塑膠
  罐裝
特級初榨橄欖油1大匙（1×15毫升）
鹽和胡椒粉適量

這道食譜，並非發源自西西里島，但其中的摩爾式（Moorish）調味－番紅花加上香甜葡萄乾和鹹味橄欖混合－的確具有西西里風。我喜歡加上（西西里的）馬莎拉酒，但也可用清水代替，把番紅花及其浸泡的水加入葡萄乾與其浸泡的酒內。我一向選用乾燥包裝的去核黑橄欖，但黑色或綠色橄欖、去核或沒去核、加不加味皆可。在萬不得已時，我也曾用過老式的填鑲鯷魚綠橄欖。我不確定這道菜倒底算不算沙拉，但我決定這樣命名，因我喜歡以比室溫稍高的溫度食用，甚至冷食。請客吃飯時我常做這道，因為必須事前準備，也讓我臨場省事不少。

西西里式花椰菜沙拉
SICILIAN CAULIFLOWER SALAD

4-6人份，*當作配菜* Ⓝ

花椰菜 1顆（約1公斤）
海鹽 1小匙或細鹽 ½小匙，或適量
月桂葉（bay leaves）2片
番紅花花絲（saffron）½小匙
剛自水壺煮開的熱水 60毫升
金色（golden）或一般（regular）
　桑塔那（sultanas）葡萄乾
　75公克
馬莎拉酒（Marsala）75毫升
長型紅蔥（echalion or banana
　shallot）1顆，去皮切碎
檸檬汁 1大匙（1×15毫升）
特級初榨橄欖油 4大匙（4×15毫升）
乾燥包裝去核黑橄欖 150公克
烘烤過的松子 25公克
新鮮巴西利（parsley）1小束，
　切碎

把花椰菜掰成小朵，放入附鍋蓋的平底深鍋內。注入冷水蓋過花椰菜，加入鹽和月桂葉，蓋上鍋蓋，以大火煮開後立刻瀝乾，丟棄月桂葉，花椰菜放在濾鍋（colander）內，在水龍頭下用冷水沖一下，放置一旁備用。這樣花椰菜不再是滾燙的，但仍維持溫熱。

當花椰菜在水裡加熱時，把番紅花花絲放入小碗裡，注入60毫升剛煮開的熱水蓋滿，浸泡一會兒。

將葡萄乾和馬莎拉酒放入小平底深鍋內，加熱到沸騰後立即熄火。

把還溫熱的花椰菜放入上菜的大碗裡。

把切碎的長型紅蔥加入番紅花水中，加入檸檬汁和橄欖油，一邊攪拌－小型手持攪拌器（whisk）是很適合的工具。

在花椰菜的碗裡，加入葡萄乾（連同葡萄乾和鍋裡的馬莎拉酒一起）和橄欖，倒入番紅花淋醬（dressing），盡量刮盡小碗裡的每一滴，然後－先戴上可拋式CSI風格的乙烯基手套－用雙手攪拌混合。若你想要，當然也可以使用其他工具。記得適量調味。

讓沙拉靜置到室溫狀態（約30分鐘到1小時，若要吃溫熱一點，就不用太久）。等待期間，將一小型煎鍋燒熱，丟入松子搖晃幾分鐘，直到變成金黃色且飄出烘烤香味，完成前不要離開鍋子。

把大部分的烤松子和切碎的巴西利，放入沙拉攪拌，剩下的撒在上頭。任何平淡無奇的食材，都會因此散發出華麗的盛宴氣息。■

我應該為了寫出的食譜，只需比開罐頭花多一點時間而害羞嗎？就算答案是肯定的，我必須坦白的說，我一點都不害羞。當結果總是如此美味怡人時，我拒絕為準備過程的快速和簡易致歉。

就算僅有我們兩人用餐，我還是喜歡製作以下的份量，因為第二天冷了以後，加上一點優質罐頭鮪魚，作為完美午餐便當或快速晚餐，仍是一樣美味。

坎尼里尼白豆和迷迭香
CANNELLINI BEANS WITH ROSEMARY

在不沾煎鍋內，以小至中火把油燒熱，加入迷迭香和磨碎的檸檬皮拌炒爆香，約30秒。

刨入大蒜（或切碎後加入），攪拌30秒，別讓大蒜變色。加入豆子和上面沾附的一點水分，輕巧但徹底地拌勻，使豆子充分均勻地沾覆上芳香的油脂。

擠入檸檬汁，加入鹽和胡椒粉調味，不時攪拌，直到豆子熱透，這僅需幾分鐘。適量調味。

盛入溫過的上菜碗裡，想要的話，可澆上少許特級初榨橄欖油。■

2-4人份 N
烹煮用（regular）橄欖油 2 大匙
　（2×15 毫升）
切碎的新鮮迷迭香（rosemary）
　1小匙
未上蠟的磨碎檸檬皮（zest）和果汁
　1顆
大蒜1小瓣，去皮
坎尼里尼白豆（cannellini）*
　（或其他自選種類）2 罐（2×400
　公克），瀝乾後沖洗
鹽和胡椒粉適量
特級初榨橄欖油約1小匙（可省略）

＊坎尼里尼白豆（cannellini）：小型白豆的一種，口感鬆軟，略帶堅果味，流行於中義和南義，尤其是托斯卡尼（Tuscan），別稱白腰豆。

若你尚未接觸來自翁布里亞（Umbria）黃銅金色的卡斯特路丘扁豆（Castelluccio lentils）的話，我的食物櫃裡有個驚喜給你－我說食物櫃，因為我也要建議你，像我一樣，手邊要隨時備有一兩包這種扁豆。和法國普依扁豆（Puy lentils）般，它的體型比一般綠或棕色的扁豆小，並且－我得告訴你－較貴。然而，這些翁布里亞扁豆和其法國親戚一樣，風味較為細緻，比一般扁豆少一點泥土味，烹煮時也較能維持其堅果味和口感。我鍾愛普依扁豆，藍紫色澤十分迷人，不過一碗古銅金的卡斯特路丘扁豆，為每道餐點帶來文藝復興時期的豐饒富庶感，引發思古之幽情。

我必須說，我常常會在扁豆料理內添加義式培根（pancetta）丁，雖然也有例外的時候，因此我覺得食譜裡不用特別指定，讓你自行選擇。想加義式培根的話（或培根亦可），我的比例是每500公克的扁豆，配上150公克的義式培根丁，最初的大蒜油量則降為1大匙。

這是我食譜中的必勝料理，準備扁豆－雖然不是立即可食，做法十分簡單－我就不用再煮馬鈴薯或其他澱粉類食物，請客時格外方便。這道扁豆可事先做好，再依狀況重新加熱或以室溫狀態享用。

當然也可使用其他扁豆，只是無法像金黃色的卡斯特路丘扁豆般，提供節慶歡愉的氣氛。

義大利金燦扁豆
ITALIAN GOLDEN LENTILS

6-8人份，當作配菜 Ⓝ

大蒜油3大匙（3×15毫升）
韭蔥（leek）1根，經清洗和修剪，
　　縱向對切後切細片
乾燥百里香（thyme）2小匙
卡斯特路丘扁豆（Castelluccio
　　lentils）500公克，沖洗後瀝乾
冷水約1公升
乾燥月桂葉（bay leaves）3片
鹽和胡椒粉適量
切碎的新鮮巴西利（parsley）或細
　　香蔥（chives），上菜用（可省略）
特級初榨橄欖油或辣椒油，上菜用
　　（可省略）

在附鍋蓋、底部厚實的中型平底鍋裡（或是可直火加熱的燉鍋），以中火把大蒜油燒熱，拌入淡綠色的韭蔥。邊煮邊攪拌2~3分鐘，加入百里香，快速攪拌，然後放入扁豆。輕快但小心地攪拌，使扁豆和韭蔥及橄欖油充分混合。

注入冷水到超過扁豆2~3公分的高度，加入月桂葉，把火轉大，煮到沸騰。蓋緊鍋蓋，轉小火，煨煮（simmer）30分鐘，或直到水份被吸乾，扁豆煮熟但尚未軟爛。若扁豆存放過久（我的扁豆常常放到過期，但我不建議你也這樣做），可能要煮久一點。適量調味，去除月桂葉，想要的話，拌入少許切碎的巴西利或細香蔥，上菜時也撒一點在上面。

我喜歡在桌上放一瓶特級初榨橄欖油或辣椒油（或是兩瓶都放），讓大家食用時可自行澆在扁豆上，我建議你也可以照做。■

在《Kitchen》書中，我想到了可以油煎馬鈴薯麵疙瘩，做成快速迷你烤馬鈴薯，到現在我仍不害羞地沾沾自喜。（前情回顧：只要將馬鈴薯麵疙瘩每面油煎約4分鐘即可，但要用新鮮包裝麵疙瘩而非冷凍的。）然而，我也知道還有其他可能的料理方式。馬鈴薯麵疙瘩，畢竟不過就是馬鈴薯而已，所以在晚餐宴會時，端出不到2分鐘就可完成的焗烤（gratin），也不是不可能。現在我就要告訴你，這的確是可行的。我不知道為何我要強調「在晚餐宴會時」，這道料理的確可輕易在上班日夜晚拿來宴客，但我也喜愛將它當成平日的家庭晚餐。

我偏好用超市冷藏櫃的新鮮馬鈴薯麵疙瘩來準備這道料理。每包是400公克裝（我家附近的超市是這樣），不過若你買的是500公克包裝，就同樣用2包吧！我曾用過3包400公克裝的馬鈴薯麵疙瘩，配上同樣份量的醬汁一樣沒問題。

醬汁的部分：我先把馬斯卡邦起司和牛奶，在碗裡混合－否則爐上可能會濺得到處都是－不過若你願意慢慢地細心準備，也可在開火加熱前，在爐上的燉鍋裡把它們混合均勻。

請隨意地在醬汁裡，增量起司或添加白松露泥（或白松露奶油、白松露油），如同下一頁「馬斯卡邦起司薯泥」的做法。

焗烤馬鈴薯麵疙瘩
GNOCCHI GRATIN

烤箱預熱至200°C／熱度6，在鍋裡燒水準備煮馬鈴薯麵疙瘩。

在碗裡將馬斯卡邦起司和牛奶攪拌混合，放入淺型可直火加熱的燉鍋（flameproof casserole）或焗烤盤（gratin dish）內加熱，要能夠容納稍後煮好的麵疙瘩平鋪一層。

一旦馬斯卡邦起司與牛奶的混合糊開始沸騰便立即熄火，拌入3大匙帕馬森起司，攪拌到融化。加入足量胡椒粉和肉豆蔻粉後攪拌混合，嚐嚐味道，必要的話再加鹽。將鍋子離火。

在煮馬鈴薯麵疙瘩的水裡加鹽，依照包裝說明烹煮。

瀝乾麵疙瘩、加入醬汁裡，輕巧地拌勻，在鍋裡平鋪一層，把剩下的帕馬森起司和麵包粉混合均勻，撒在麵疙瘩表面。

烘烤15分鐘，應可看到焗烤開始沸騰，表面轉成金黃色。

自烤箱取出，靜置5~10分鐘，稍微降溫再上菜。不要超過15分鐘，否則濃稠的金黃醬汁會被完全吸光。∎

6人份，*當作配菜*
馬斯卡邦起司（mascarpone）
　　250公克
全脂牛奶60毫升
刨碎的帕馬森起司（Parmesan）
　　4大匙（4×15毫升）
現磨胡椒粉
現磨肉豆蔻粉（nutmeg）
海鹽1小匙或細鹽½小匙，或適量
馬鈴薯麵疙瘩（gnocchi）2包，
　　每包400公克
麵包粉（breadcrumbs）2大匙
　　（2×15毫升）

我愛極了這道薯泥：風味濃郁迷人，質地卻輕盈鬆軟。我通常喜歡原味的薯泥，畢竟這是中性的澱粉食物，而不應喧賓奪主帶有強烈風味。雖然我會加上奶油和鮮奶油（cream），但這並不和我的論點相牴觸。這裡的配方，我沒有添加奶油或鮮奶油，不過在你因為節食因素，歡欣鼓舞或瞧不起我前，讓我告訴你，馬斯卡邦起司可取代這兩種材料。一小撮的帕馬森起司所帶來的濃郁鹹味，可平衡平淡滑順的口感。就這樣，我相信這道薯泥仍可保持原味風貌。但我要繼續加入白松露泥或松露奶油。若你兩者皆無，用白松露油，但只要一兩滴即可。松露泥（在我冰箱裡似乎可用一輩子），的確多一點自然的松露風味，但我（不像多數人）不會譴責使用松露油。我自己也曾用過。

添加馬斯卡邦起司或松露油，對我並非了不起的發現，但這裡的料理方式（承蒙我喜愛的網站，food52.com 提供），馬鈴薯用蒸煮而非水煮的，則是新鮮變革。若是接著會用壓泥器－我總是用它－則根本無需去皮。我得承認，之後的步驟，我就開始簡化了。

有客人來吃飯時，我會提前一點煮好，滴上薄薄一層全脂牛奶（我媽教我的），蓋上鋁箔紙，在比100°C／熱度¼~½溫度低一點的烤箱裡，保溫45分鐘，不超過1小時。換來在場人士個個心滿意足。若是幸運地，還有少許薯泥剩下，我建議拌入少許牛奶，小火加熱，並且加上－我個人喜好的－一顆水波蛋或半熟水煮蛋，放在上面壓碎後拌著吃。想當然爾的美味。

馬斯卡邦起司薯泥
MASCARPONE MASH

4-6 人份 Ⓝ
馬鈴薯1公斤（若有壓泥器 ricer 則無需去皮），切成 5 公分塊狀
全脂牛奶 125 毫升
馬斯卡邦起司（mascarpone）3 大匙（3×15 毫升），室溫狀態
海鹽 1 小匙或細鹽 ½ 小匙，或適量

▶

將未去皮的馬鈴薯塊放入蒸籠（steamer），放在加了8公分高滾水的鍋上蒸軟；約需20分鐘。這少量的熱水還不至完全蒸發，馬鈴薯也不會過濕。

移開蒸籠，把鍋裡的水倒掉，把裝有煮好馬鈴薯的蒸籠，放回乾而熱的鍋裡，不加蓋靜置10分鐘，使馬鈴薯乾透。

把上層的蒸籠移除，在下層的鍋裡將牛奶加熱，但不要煮開。拌入馬斯卡邦起司和鹽。

在溫牛奶鍋子上方用壓泥器（ricer）壓出馬鈴薯泥，用木匙擠壓一下，同時攪入一些空氣。

當薯泥變得柔軟滑順時，加入帕馬森起司和白松露泥（或松露奶油）攪拌，同時嚐味道：最好先加半量松露泥，嚐過味道後再決定是否加入剩下的。記得：若使用松露油，先加一兩滴再小心酌量增加。開動，就盡情放肆地享用吧。■

刨碎的帕馬森起司（Parmesan）1½大匙（1½×15毫升）
白松露泥（white truffle paste）或松露奶油（truffle butter）1小匙

這道珍珠麥燉飯（orzotto）－把它想成燉飯（risotto），orzo是義大利文的大麥（barley）－被編在蔬菜篇而非義大利麵食篇，是有原因的：我幾乎只把它當成馬鈴薯的替代品，也就是作為烤雞、烤火腿、一碗肉丸或其他燉肉的澱粉類配菜。

做法簡單得不得了，因為它不像燉飯需要不時攪拌，並且可輕易地在事前準備好。重新加熱時，可先添些液體或幾匙馬斯卡邦（mascarpone）起司攪拌一下，最後拌入少許帕馬森（Parmesan）起司。事實上，若你偏好濃稠滑順的質地，我建議你第一次烹煮時，即可加入馬斯卡邦起司。

我家小孩天生不愛大麥（barley），但幸運地這道菜似乎贏得他們的歡心。它的外觀如此迷人，口味令人上癮。被番紅花染色的大麥，像陽光般閃耀燦爛。最後再提出一種特別吃法：在我家裡會有一小批人，堅持要將煎得酥脆的義式培根薄片（pancetta），捏碎撒上食用。

番紅花珍珠麥燉飯
SAFFRON ORZOTTO

4人份，*當作配菜* Ⓝ
淡味雞高湯或蔬菜高湯 750 毫升
番紅花花絲（saffron）¼小匙
大蒜油 2 大匙（2×15 毫升）
長型紅蔥（echalion or banana
　　shallot）1顆，或小型洋蔥1顆，
　　去皮切碎
珍珠麥又稱大麥或洋薏仁（pearl
　　barley）250 公克
不甜苦艾酒（vermouth）或白酒
　　2 大匙（2×15 毫升）
刨碎的帕馬森起司（Parmesan）
　　2 大匙（2×15 毫升）
鹽和胡椒粉適量
馬斯卡邦起司（mascarpone）2~
　　3 大匙（2~3×15 毫升）（可省略）

先在耐熱容器裡調製高湯（我沒使用自製的，只是把優質高湯塊或粉放入沸水裡溶解）。高湯塊或粉的比例，要比包裝說明少一點，以降低鹹味。加入番紅花後攪拌，置旁備用。

取一底部厚實的淺平底鍋，或可直火加熱的燉鍋（flameproof casserole），直徑約 26 公分，並且－很重要－要附鍋蓋，以小至中火加熱大蒜油，加入切碎的長型紅蔥，拌炒幾分鐘。不要使長型紅蔥變色。若用洋蔥代替長型紅蔥，約需5分鐘。

把火轉大，加入珍珠麥，在熱鍋裡攪拌1分鐘，然後加入苦艾酒（或白酒），再攪拌一下。

加入熱番紅花高湯，蓋緊鍋蓋，轉小火，讓珍珠麥煨煮（simmering）20~30分鐘，或直到珍珠麥煮透變軟，且大部分的液體被吸乾。若水已煮乾，但珍珠麥還未煮熟，就加入少許滾水續煮。拿掉鍋蓋，攪拌一下把鍋子離火；若有需要，可直接放涼後密封，放入冰箱保存1~2天（見筆記**第265頁**）。否則，拌入帕馬森起司，適量調味。若喜歡馬斯卡邦起司，也可在此直接加入。■

一方面，這是完全非義大利的食物概念；另一方面，其靈感與起源絕對來自義大利。容我細說從頭。有天我正在做羅馬式麵疙瘩（gnocchi alla Romana）（用杜蘭小麥粉semolina做成的小麵丸），面前擺著待涼的麵糊等著待會分切，莉莎 Lisa －我的同事，義大利人－剛好經過，用手指蘸了一口說：好好吃的馬鈴薯泥呀！

我繼續工作，等麵糊涼透後分切小麵丸，像瓦片般排好靠攏，撒上帕馬森起司再烘烤。一切順利。但事後我不禁回想，其實我是可以省略一大段的準備步驟：結果就誕生這道偽薯泥。我知道，你可能覺得這道菜很詭異－尤其對我們在學校吃慣杜蘭小麥粉布丁的人來說，有人可能還留著美好懷舊印象－但這真的比你想像中的還要美味。準備過程輕鬆快速不費吹灰之力，所以我都是當場才做（靜置片刻，表面會形成薄膜，不過用大湯匙快速攪拌一下，即可解決）。我沒辦法不做它，不，其實我是停不下刀叉。

我知道這裡（英國）買不到罐頭裝的奶油，但當我們在拍攝本書時，我妹恰好從義大利帶給我這罐奶油當禮物，如右上圖，我忍不住不讓它上鏡。

偽薯泥
MOCK MASH

4-6人份，*當作配菜* Ⓝ
全脂牛奶1公升
無鹽奶油1大匙（1×15毫升）
　　（15公克）
海鹽或細鹽適量
現磨肉豆蔻粉（nutmeg）
杜蘭小麥粉（semolina）250公克
刨碎的帕馬森起司（Parmesan）
　　75公克
胡椒粉適量

在大型寬口的平底深鍋內（要有足夠的空間來攪拌），將鮮奶加熱，加入奶油、一撮鹽和磨細的肉豆蔻粉。

當牛奶即將沸騰時，以穩定的細流將把杜蘭小麥粉倒入鍋裡，同時一邊攪拌。

繼續攪拌，直到混合糊變得濃稠，表面冒出泡泡且發出輕微的潑潑聲。約需3~5分鐘。

將鍋子離火，拌入磨碎的起司，檢查調味，將偽薯泥盛入碗裡，上菜時再刨點肉豆蔻粉。∎

發明「托斯卡尼薯條」的人，就是來自盧卡Lucca的主廚凱薩卡塞拉Cesare Casella。他現在於紐約掌廚，家人曾經營過赫赫有名的Vipore餐廳（從那裡可俯瞰托斯卡尼山丘醉人的景致）。和法式薯條類似，但在起油鍋前加上了蒜瓣和新鮮香草。

本來，這料理法令我神經緊張－我不喜歡油炸，最多只能接受小份量的，如**第84頁**的「義大利式鮮蝦天婦羅」－幸好，說服力強的美國雜誌《Cook's Illustrated》介紹我這種創新、無壓力的薯條烹調法。

聽起來很瘋狂但真的可行：生薯條放在冷油裡，再加熱。這是革命性的發明。你可能以為薯條會變得十分油膩，但卻清爽少油而無比美味。嚐一口就知道；我還有進一步的證據，測量冷卻後剩下的油量發現，馬鈴薯幾乎沒有吸收任何油脂。（若油溫的掌握讓你壓力大到胃酸，可使用煮果醬或糖漿溫度計測溫。）

然而我發現，馬鈴薯的確需要切得粗大一點，如同英國薯條而非法式尺寸。其實反而不費工。

凱薩Cesare在盤子上襯了優雅的棕色紙巾，再盛上薯條，但我喜歡在烤盤裡墊上兩層廚房紙巾，讓薯條快速吸一下油，再倒在上菜的大盤子或報紙上（最好是義大利文），底部要先鋪上防油紙。

托斯卡尼炸薯條
TUSCAN FRIES

4-6人份

蠟質馬鈴薯，如馬里斯派柏（Maris Piper）品種1公斤
玉米油（corn oil），或沒有特殊氣味的蔬菜油 1.5公升，油炸用
大蒜1整顆，分瓣不去皮
百里香（thyme）、迷迭香（rosemary）和鼠尾草（sage），或其他自選香草頂部嫩枝 8枝
海鹽適量

把馬鈴薯的兩頭尖端切掉（但不削皮），使其能夠垂直站立，由上往下切成1公分厚的薯片。再切成1公分粗的薯條，寧願稍粗一點而不要太細。切好一批，就放在乾淨的布巾上。

將油倒入寬口、底部厚實的平底鍋內（我的鍋子直徑約28公分、11公分深），放入剛切好的薯條。將鍋子以大火加熱到沸騰，約需5分鐘。期間全神貫注看好鍋子。

將薯條繼續加熱15分鐘，不要攪拌。鍋裡的油會不斷地沸騰冒泡。若油過熱或過度沸騰，將火轉小一點，同時要持續注意鍋內狀況。（使用溫度計的話，一旦油溫到達160℃，火就轉小一點，讓薯條在150~160℃間油炸。）

現在可以戴上隔熱手套，小心地用料理夾輕輕攪拌，攪動卡在鍋底或鍋邊的薯條。加入未去皮的蒜瓣，輕輕攪拌一下，續加熱5~10分鐘（注意油溫，不要使大蒜變焦或薯條過黑），撈出一根薯條嚐嚐看，要外表酥脆內部柔軟。小心燙口！可能還要再炸5分鐘左右，但要保持警戒：薯條可能會在很短的時間內，由金黃色轉成過焦的棕色。

當薯條呈淡金色且酥脆時，丟入香草，過1分鐘左右，把鍋裡所有食材舀出（用兩隻有孔濾杓較方便，戴上隔熱手套以免燙傷），放在襯有雙層廚房紙巾的托盤或大盤子上。多餘油脂被吸收後，直接將薯條從紙巾整批倒在盤子上，撒上適量海鹽，立刻上菜！∎

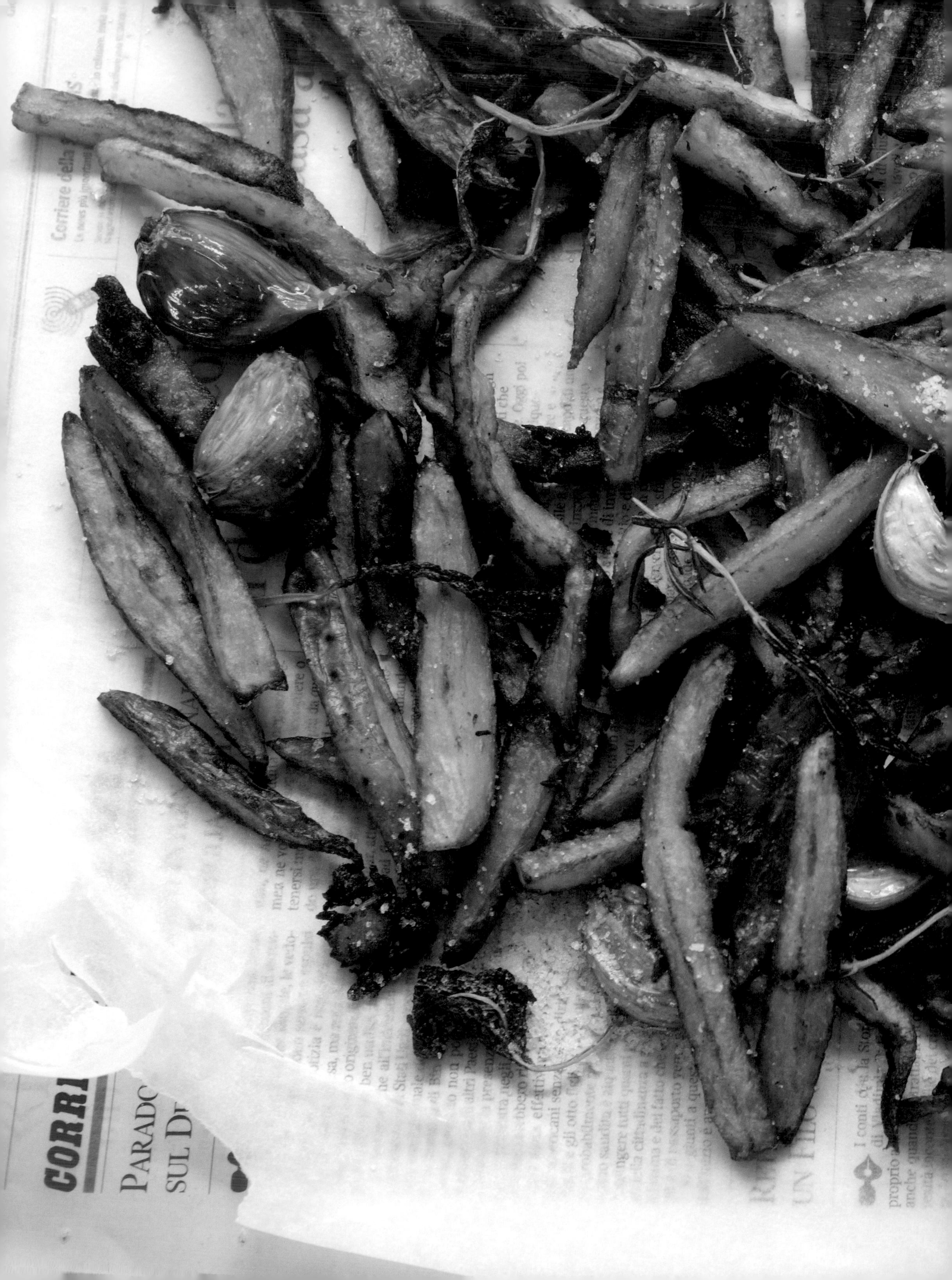

SWEET THINGS

甜上癮

在義大利要找到美味多汁的無花果並不難，這時候除了直接入口享用，其他多餘的吃法都是罪過。我甚至覺得根本不用剝皮。然而，即使身處義大利，我想也難免買到令人失望的無花果；可惜的是，在英國，這根本就是常態。

所以，要是你難以抵抗無花果的誘惑，但買回家後發現味道平淡無味或口感粗糙，以下就教你如何處理的方法。

我認為8個無花果剛好可做4人份，若個頭較小，可增量到12顆；醬汁可維持原份量。我不要無花果浸泡在大量的蜂蜜鮮奶油裡，而只要微量點綴，和香甜親吻。

無花果，蜂蜜鮮奶油和開心果
FIGS WITH HONEY-CREAM & PISTACHIOS

烤箱預熱至220℃／熱度7。

用刀子將無花果由上往下切，分為4等份但不切到底；要能打開成像一朵花。擺放在小烤盤（oven tin）上－我用的是翻轉蘋果塔烤盤（tarte Tatin tin）－在無花果表面滴上橄欖油，烘烤10分鐘（若無花果較小，可縮短時間），直到變軟。

在迷你平底深鍋裡，加熱鮮奶油和蜂蜜，使其沸騰滾煮約1~1½分鐘，使醬汁稍微收得濃稠。看緊鍋子。

將無花果自烤箱取出，擺放在1個大盤子或4個小盤子上，淋上蜂蜜鮮奶油，撒上切碎的開心果。■

4人份
大型黑無花果（black figs）8個
橄欖油2小匙
濃縮鮮奶油（double cream）
　60毫升
蜂蜜2小匙
開心果 2大匙（2×15毫升），去殼
　切碎

冷凍莓果，檸檬酒和白巧克力醬
ICED BERRIES WITH LIMONCELLO WHITE CHOCOLATE SAUCE

這是一道當代經典，由英國名廚馬克希克司Mark Hix發明，但我擅自簡化了醬汁製作的過程，並且－畫龍點睛地－加入了檸檬酒（limoncello），增添義式風情，更替份外濃稠的白巧克力醬，注入了一絲刺激風味。此外，當我看到BBC第2頻道《The Great British Bake Off》節目裡，贏家喬安娜惠特利Joanne Wheatley所製作的「檸檬酒和白巧克力泡芙塔Limoncello and White Chocolate Croquembouche」，我就一直期盼用這特別的組合來玩點花樣。

我知道，白巧克力一向被那些自認品味卓越的人瞧不起，認為它是－如同烘焙大師丹萊培得Dan Lepard 在《Guardian》裡所說－「甜食的大亨堡」。即使你有類似的態度（恐怕我也曾是其中一份子），你得相信我說的，這道食譜將挑戰你的成見。它集優雅和狂野於一身；檸檬酒的深度和莓果的酸味，完全破解了白巧克力的單調甜膩。儘管如此，若你仍然有點擔心，我建議你一開始就告訴別人這是檸檬酒醬，不要提到白巧克力。

我沒有耐心用雙層鍋（double boiler）來融化巧克力，並樂意接受一定的風險，但加熱任何一種巧克力都必須謹慎行事，白巧克力尤其如此；我完全能夠理解，你決定用另一種合理的方式，將巧克力放在耐熱的碗裡，置於滾水鍋上方來製作醬汁。不過千萬記得，碗的底部不要碰到底下鍋內的滾水。

我喜歡用帶邊的蛋糕檯（rimmed cake stand）來上菜，但比較實際的是，分盛到個人的小碟子或有高度的小盤子裡。不管怎麼上桌，我覺得有一點很重要，就是莓果應盡量單層擺放。

它非常適合作為最後一刻，或臨時起意準備端出的晚宴甜點（很有當聖誕甜品的潛力），因為莓果可以在需要時，再從冷凍庫取出。我猜，在夏天，你可使用新鮮莓果，但可惜就會失去熱稠醬汁，和冰涼水果之間的口感對比。

在牛奶鍋（milk pan）裡，把濃縮鮮奶油和2大匙檸檬酒加熱到沸騰前一刻，但還未煮滾。

將鍋子離火，加入白巧克力，旋轉搖晃直到巧克力完全淹沒。

自冷凍庫取出莓果，以單層擺放在帶點高度的碟子或盤子裡（稍後醬汁才不會流出）。淋上剩餘的2大匙檸檬酒，靜置5分鐘，等待期間可不時搖晃白巧克力鍋，使巧克力在檸檬鮮奶油裡完全融化。

以矽膠刮刀輕攪巧克力鮮奶油混合糊，保持離火狀態，直到質感滑順，澆在莓果上，立即上桌。■

4-6人份

濃縮鮮奶油（double cream）
　　250毫升
檸檬酒（limoncello）4大匙
　　（4×15毫升）
白巧克力200公克，切碎
冷凍綜合莓果，或有時包裝上稱
　　為夏日水果（Summer Fruits）
　　500公克（不解凍）

白巧克力也許會被視為格調不高的食材,但對於世界上自認品味卓越的人而言,煉乳(condensed milk)更是端不上檯面。所以你怎麼可以責備我總是想找機會,偷偷地用在食譜裡?我也並非刻意媚俗:它的確是意想不到有用的材料;看一下**第170頁**的「免攪拌,一個步驟做咖啡冰淇淋」。在你開始懷疑之前,我要告訴你,很多的義大利食譜也會使用latte condensato*,只是多見於家庭流傳的食譜筆記,而非精美的雜誌或食譜書。

我個人並不以使用煉乳為恥(我屋子裡總是存著幾罐),但我覺得有義務跟你說,沒有人會料想到,這道速成的不加蛋慕斯裡含有煉乳。最近我做這道慕斯當晚餐宴客時,有個義大利朋友還向我要食譜。對我來說,這就表示成功了。

至於另一項關鍵材料–苦味柳橙利口酒(bitter orange liqueur)–只要聞到阿佩羅利口酒(Aperol)的味道,便彷彿置身義大利,若買不到,亦可用橙皮酒(triple sec),君度橙酒(Cointreau)、干邑橙酒(Grand Marnier)或其他柳橙利口酒代替。

快速柳橙巧克力慕斯
INSTANT CHOCOLATE-ORANGE MOUSSE

6人份 Ⓝ

黑巧克力(含70%以上可可成分)
　　150公克,切碎
煉乳(condensed milk)175公克
濃縮鮮奶油(double cream)
　　500毫升
鹽1小撮
阿佩羅利口酒(Aperol)或
　　triple sec(橙皮酒)、君度橙酒
　　(Cointreau)、干邑橙酒(Grand
　　Marnier)與其他柳橙口味利口
　　酒(liqueur)2大匙(2×15毫升)
柳橙汁2大匙(2×15毫升),
　　及½顆磨碎柳橙皮(zest)

容量約150毫升的玻璃杯 6個

將巧克力放在適合的碗裡,以微波爐小心加熱融化(依照操作說明),或放在滾水鍋上方隔水加熱(切記不要讓碗底碰到熱水);快要完全融化時,以矽膠刮刀攪拌一下,把底部的巧克力硬塊刮下來,使最後一點固體巧克力也能均勻融化。離火,使之稍微冷卻。

將煉乳和250毫升的濃縮鮮奶油,倒至碗裡,加鹽,攪拌到剛開始變得濃稠,提起攪拌器(whisk)時,混合糊表面會形成緞帶痕跡。

將約⅓份量的打發鮮奶油,加入微涼的融化巧克力內攪拌混合;用力一點沒關係。接著緩慢地分成2~3次,將這經鮮奶油稀釋的巧克力糊,混入剩下的打發鮮奶油裡。然後,依序輕輕拌入柳橙利口酒,和柳橙汁(果皮已經磨成屑)。

所有材料混合均勻後,小心地注入6個150毫升的玻璃杯裡,到杯緣下方1公分的高度。

將巧克力慕斯送入冷藏1小時(早點上桌亦可,因成品立即可食);同時,將剩下的250毫升濃縮鮮奶油,打發到濃稠但蓬鬆、即將形成立體的狀態,同樣放入冰箱冷藏(見筆記**第265頁**)。

上桌時,將打發鮮奶油平均分配至巧克力慕斯杯裡,在蓬鬆的鮮奶油上,撒上磨碎的柳橙皮屑裝飾。■

---

* latte condensato 義大利文的煉乳。

我知道有些人，早年過度沉溺於茴香酒（sambuca），因此現在自然地對它產生厭惡。幸好，這些人似乎也臣服於這道有益健康的茴香酒之吻魅力之下。

我很難實際的加以描述：它的形體輕盈，幾乎有著像甜甜圈一樣的質感，但你嚐到的不是麵糊，而是香甜的空氣。在義大利，它被稱為「親吻baci」，因為食用時，嘴唇好似被輕飄飄地愛撫；好比蝴蝶般的輕吻，而非用力的擁吻。

嚴格來說，它們做好後應立即上桌。剛起鍋馬上享用，的確無比美味，然而，我也發現用烤箱低溫保溫也還能保持原味。雖然現炸的外酥內軟對比感不復存在，不過這換取到可以事前準備的便利性，也還值得。

茴香酒之吻
SAMBUCA KISSES

將蛋和瑞可達起司放入碗裡，攪打均勻直到滑順。

加入麵粉、泡打粉、茴香酒、糖和磨碎的柳橙皮。繼續攪拌至質地滑順。

在煎鍋裡注入約2公分高的油，加熱到丟入1小塊麵包時，會嗤嗤作響且在約40秒內變色（油溫約為180℃）。視線不要離開鍋子。

把一小匙的量匙抹上油，舀起一匙圓球狀的瑞可達起司麵糊，輕輕地放入鍋裡；一次可下4球。

這些小親親會稍微膨漲，底部呈金黃色，用自選工具來翻面，讓另一面上色。小心不要讓油溫過高：當小圓球變色太快，把火轉小。

當圓球染上均勻的金黃色後，用濾杓舀出，放在襯有1~2層廚房紙巾的盤子上，以吸收多餘油脂。繼續油炸直到麵糊用罄，熄火。

當這些小親親稍微冷卻後，把糖粉用小濾網（sieve）篩上厚厚的一層。

若非立即食用，將炸好但尚未篩上糖粉的小親親，擺在墊有烤盤的網架（wire rack）上，送入烤箱，以150℃／熱度2保溫，最久1小時。

若你願意，可搭配一小杯茴香酒，或一杯濃縮咖啡（espresso）。∎

可做18-20顆
蛋1顆
瑞可達起司（ricotta）100公克
中筋麵粉（plain flour）40公克
泡打粉（baking powder）1小匙
茴香酒（sambuca liqueur）2小匙
糖1小匙
磨碎的柳橙皮（zest）1小匙
沒有特殊氣味的蔬菜油，或玉米油，油炸用
糖粉1~2小匙，上菜用

甘草是義大利基本風味之一。因為這種食材，容易將一般人分成愛恨兩個極端陣營，所以我僅做2人份，亦可供貪婪的甘草熱愛者一人享用。

我用的小甘草球，通常來自卡拉布里亞（Calabria），義大利隨處可見。義大利境外，可在義式熟食店（delis）和網路找到：和我同樣喜愛這濃烈的八角風味者注意，網路市場可說是無遠弗屆。

這道甜品，歸類於義大利的布丁（budino），安娜戴康堤Anna Del Conte*在其書《Gastronomy of Italy》（初版）中解釋為，「難以定義…通常為圓形，質地柔軟、結構搖晃」。這裡的製作方法簡單，幾乎速成，免除一般需要的隔水加熱（bain-marie）程序，無須脫模直接自玻璃杯享用。我用熱水來融化小甘草球，如果最後質地滑順的淺黃色奶油餡裡，帶有一些深色小點，我也不在意。

我曾在其他地方，表達過對鹹味焦糖（salted caramel）的熱情，但我要在這裡正式宣告，我對鹹味甘草（salted liquorice）深不可測、幾近異常的愛意。我不想把甘草和鹽完全混合，寧願在食用時，撒上一些柔軟海鹽（法國人所說的鹽之花fleur de sel就是我的首選）。一想到就不禁令我全身顫抖。

甘草布丁
LIQUORICE PUDDING

2人份 Ⓝ
清水 60毫升
純義大利甘草球（pure Italian liquorice pellets），如Amarelli Rossano 品牌1小匙
淡色黑砂糖（light muscovado sugar）2大匙（2×15毫升）
濃縮鮮奶油（double cream）175毫升
玉米粉（cornflour）2小匙
牛奶1大匙（1×15毫升）
細海鹽片，上菜用

將水和甘草球，放入你最小的鍋子裡，加熱到沸騰，不斷攪拌直到甘草球融化。一旦開始冒泡便熄火靜置5分鐘，中間不時攪拌一下。

重新開火，拌入糖，再來是鮮奶油，加熱到沸騰。離火。

把玉米粉舀到小碗裡（或杯子或烤盅），加入牛奶溶解：也就是說，加入牛奶攪拌直到質地滑順呈糊狀。

邊攪拌，邊把玉米牛奶糊倒入甘草鍋裡。不斷攪拌，把鍋子重新加熱到沸騰，仍一直攪拌著，約20~30秒或直到濃稠。

分盛到2個耐熱玻璃杯或茶杯裡，然後－除非你想吃熱的－用保鮮膜或烘焙紙（用冷水沾濕再擰乾）貼著布丁表面封住（預防表面形成一層薄膜，我無法忍受），放入冰箱冷藏2小時以上或隔夜。

上桌前，先讓布丁回復到室溫狀態，去除保鮮膜或烘焙紙，用小湯匙背面把表面抹平順。想要的話，可在餐桌上準備細海鹽片，食用時撒上。對愛好甘草的我們來說，這道布丁是滿心顫抖的極致喜悅。∎

*極富盛名義裔飲食作家與食譜作者。

義式奶酪三重奏
PANNA COTTA THREE-WAYS

很久以前，我編寫了第一個義式奶酪食譜（接骨木花鮮奶油奶酪 Elderflower Cream）很顯然的是英式版本，收錄在我1998年出版的第一本書《How To Eat》。但對我而言，這是一道永不退流行的甜品。食物的味道是最重要的部分，風味非時尚，完美的義式奶酪永不令我厭倦。傳統之外，能夠衍生出無窮的口味變化，但在此我管制約束自己，僅呈現三種風味的奶酪。

我提及「完美的義式奶酪」，若說真正的烹調是為了食物的口味，那麼在這裡，質感就是關鍵。濃稠度是首要條件：義式奶酪必須性感柔軟，彷彿顫抖於固態和液態之間。義式奶酪絕對不能過硬；秘訣是加入適量的吉利丁，避免脫模後的奶酪崩垮，但仍然柔軟，容易抖動，那膨脹突出的形體似乎總在倒塌溢出的邊緣。不會的，別擔心。我不想讓你以為，達到完美的硬度是冒險的任務，十分艱難。只要你懂得訣竅，那就對了，而且過程一點也不難！你把鮮奶油加熱，融化吉利丁，攪拌，倒進來，放入冰箱。頂多只花5分鐘，完工，就只等著冷卻成型。

所以重點來了：我已經掌握達到完美硬度所需的吉利丁量。可惱的是，當我已控制了完美的比例，吉利丁廠商竟然更動了每片吉利丁的重量，害找必須重新來過。就因如此，每當提及所需吉利丁數量時，我同時列出每包的片數和總重量。以確保你我使用相同重量的吉利丁。若你買的包裝不一樣，就只要複習一下你的二次方程式，算出需要幾片即可。

你當然可以在義式奶酪裡添加任何喜歡的味道（義大利傳統人士可能不同意），但謹記不要太異想天開：它的質地精緻脆弱，強勢的風味－過於濃烈大膽或新奇－都會破壞整體和諧。所以我的三種風味很簡單：香草、咖啡、榛果巧克力。一起上桌，呈現斑點板岩般的象牙白、呂宋麻的淺棕及榛果般的深棕色，這些奶酪在口味和色調上，都能彼此和美諧調。香草和咖啡口味的食譜，是4人份；榛果巧克力有6人份，這是因為我發現（特別是有小孩在場時，但並非唯一影響因素），後者最快被吃光光。

不過，只有在大型餐會我才會把三種口味都端上，請你把它們視為各自獨立的食譜。在每道食譜裡，我都會重複製作步驟，即使方法沒有改變。這樣讓你的日子比較省事：無須不斷翻到前頁，查看製作流程。

不過，讓我再提醒你一下，並重申這工具的重要性，請使用烘焙用金屬模（metal dariole moulds）。市面上有很多種類的矽膠杯形模，但用金屬模製作脫模最容易。另外，雖然這不是傳統的方式，想要的話也可將奶酪糊倒入小玻璃杯裡定型，省去脫模手續。僅供參考…■

香草義式奶酪
VANILLA PANNA COTTA

這是三重奏中最樸素的口味，縱使風味仍比原始的皮埃蒙特奶酪（Piedmontese Crema Cotta，從前的稱呼，我喜歡押頭韻，但願我們至今仍如此稱呼）突出，就只是將鮮奶油加熱後冷卻定型。我喜歡在這裡用真正的香草籽，而非香草精，只是每次這些黑種籽，都不會平均分散在鮮奶油裡－脫模時，似乎總是群聚在表層，形成斑點。不過，這並不困擾我。（若這困擾你，建議你不要用香草籽，用削皮器削下幾片未上蠟檸檬皮，烹煮鮮奶油時加入，加熱後再加入幾滴香草精。浸泡20分鐘後把果皮丟棄，稍微加熱一下，從這裡開始吉利丁的步驟。）

傳統上，義式奶酪應單獨上桌，不需任何搭配，但烹飪好似語言，用法決定形式，我們已經習慣在盤裡添加一兩種莓果等，來做些對比。我選擇草莓丁，先用巴薩米克醋（balsamic vinegar，和義式奶酪同時期廣為人知）浸泡，以食譜裡的份量來說，我會用200公克草莓，切細丁後放在碗裡，加入各½小匙的細砂糖和巴薩米克醋，用保鮮膜蓋好，在室溫中浸漬15分鐘到2小時，不時搖晃混合裡面的材料。這樣做出的水果量並不多，但每人份的盤子裡只需要一匙左右。冬天時，可考慮舀些石榴籽在奶酪邊緣，留一兩顆在表面。我兒子堅持要巧克力醬（淋在奶酪周圍，而非表面），若你也想這樣，可做半份**第169頁**的「巧克力醬」，但開始時加一份濃縮咖啡（約2大匙），到鮮奶油和巧克力的鍋子裡，並確保醬汁涼透後再上桌。

4人份 N
全脂牛奶75毫升
濃縮鮮奶油（double cream）
　　425毫升
細砂糖（caster sugar）50公克
香草莢（vanilla pod）1根
吉利丁薄片 2片（每包15片總重
　　25公克的包裝）

容量125毫升的烘焙用金屬模
　　（dariole moulds）4個

把牛奶和鮮奶油倒入平底深鍋內，拌入砂糖。自香草莢取出香草籽（有需要的話可見**第164頁**操作說明）加入鍋裡，空莢也一併放入，將鍋子放在爐上，轉小火。

在鍋子以小火慢慢加熱到快要沸騰時，在淺碟裡加入2片吉利丁，以冷水淹過浸軟。約需3分鐘軟化吉利丁，回頭看好爐上的鍋子。

當平底深鍋快要沸騰時－如邊緣開始冒泡泡－離火，取出香草莢（之後沖洗晾乾，可再用來增添糖的香味），將一小杯（約250毫升）的混合液倒入耐熱壺（heatproof jug）中。

檢查一下吉利丁軟化情形－感覺有點像海蜇皮做成的面紙－將吉利丁片稍微擠壓，使多餘的水滴回淺碟中，然後把吉利丁放在加了一小杯混合鮮奶油的耐熱壺裡，同時一邊攪拌。

一旦吉利丁完全溶解後，將整壺液體倒回平底深鍋內，仍然保持離火，一邊攪拌，再倒進耐熱壺裡，依序倒入每個金屬模前，都先攪拌一下。送入冰箱冷藏至少6小時，隔夜為佳，直到定型。

為使脫模容易，可將金屬模的底部浸在剛沸騰的水裡，一次一個，每次停留約8秒鐘，離水數秒，再把水擦乾，蓋上小盤子或淺碟，倒扣金屬模，使義式奶酪掉到盤裡。依同樣的方式，將剩下的3個奶酪脫模，搭配喜歡的水果或醬汁上桌。■

咖啡義式奶酪
COFFEE PANNA COTTA

我試著阻止自己，相信我，真的！我知道這本書裡的咖啡味甜食並不少，但這是我的終生摯愛，拋下它將令我痛苦萬分。

咖啡深沉的風味，結合糖漿的濃冽甜蜜和鮮奶油的鹹味濃郁，這樣的組合，對我來說，無懈可擊，形成非比尋常，但動人心扉的衝擊性口味。

我用的是幾杯真正的濃縮咖啡（espresso），我的咖啡機使其操作簡易許多，否則，就用其他方法調配非常強烈的咖啡。若要搭巧克力醬食用，可做半份**第169頁**的食譜，但一開始就在鍋裡加一份濃縮咖啡（約2大匙），並確定醬汁涼透才可上桌；或製作下一頁的榛果奶醬（Frangelico cream）。

4人份 Ⓝ

新鮮現做的濃縮咖啡（espresso）
　　125毫升
淡色黑砂糖（light muscovado
　　sugar）50公克
濃縮鮮奶油（double cream）
　　375毫升
鹽1小撮
吉利丁薄片2片（每包15片總重
　　25公克的包裝）

容量125毫升的烘焙用金屬模
（dariole moulds）4個

把熱騰騰的濃縮咖啡倒入平底深鍋，拌入淡色黑砂糖直到融化。拌入鮮奶油和少許鹽，將鍋子放在爐上，轉小火。

以小火烹煮到快要沸騰期間，在淺碟裡加入2片吉利丁，裝滿冷水浸軟。約需3分鐘軟化，回頭看好爐上的鍋子。

當濃縮咖啡混合液快要沸騰時－如邊緣開始冒泡泡－離火，將一小杯（約250毫升）的混合液，倒入耐熱壺（heatproof jug）中。

檢查一下吉利丁軟化情形－感覺有點像海蜇皮做成的面紙－擠壓吉利丁片，使多餘的水份滴回淺碟中，把吉利丁片放入已裝了一小杯混合液的耐熱壺中，同時攪拌。

吉利丁在壺裡完全融化後，把整壺液體倒回離火的平底深鍋裡，同時攪拌，再倒回耐熱壺裡，依序倒入每個金屬模前，都先攪拌一下。最後移到冰箱冷藏至少6小時，隔夜為佳，直到定型。

為使脫模容易，可將每個金屬模的底部浸在剛沸騰的水裡，一次一個，每次停留約8秒鐘，離水數秒，把水擦乾，蓋上小盤子或淺碟，倒扣金屬模，使義式奶酪掉到盤裡。依同樣的方式，將剩下的3個奶酪脫模，直接上桌，或在邊緣澆淋少許冷的巧克力醬。■

榛果巧克力義式奶酪
NUTELLA PANNA COTTA

這道叛逆小品的產生，要感謝安琪拉哈奈特 Angela Hartnett，她是位認真嚴謹，品味敏感細膩的主廚，沒有許多其他同業自命不凡的通病。

我的食譜並不全然跟她一樣，但我很感激她的啓發，雖然不如我家小孩般感激。順帶一提，別擔心我用和其他兩個食譜同等份量的吉利丁。儘管這食譜的液體含量較高，但冷藏時，榛果巧克力醬本身有助定型。

上桌時，我喜歡將濃縮鮮奶油（double cream）淋在奶酪四周，興致來時，而且客人不是小孩，而是有孩子口味的成人，我也會倒些榛果利口酒（Frangelico hazelnut ligueur）。實際上，你也可在榛果巧克力醬的鍋裡，加一點榛果利口酒一起製作。上菜時，把酒瓶和一些小酒杯帶到餐桌上，供大家自行取用。

把牛奶和鮮奶油倒入平底深鍋，加入榛果巧克力醬，拌勻（若你喜歡，可倒入少許榛果利口酒），將鍋子放在爐上，轉小火。

以小火烹煮到快要沸騰期間，在淺碟裡加入 2 片吉利丁，裝滿冷水浸軟。約需 3 分鐘軟化，回頭看好爐上的鍋子。

當榛果巧克力醬溶解，快要沸騰時 – 如邊緣開始冒泡泡 – 離火，將一小杯（約 250 毫升）的混合液，倒入耐熱壺（heatproof jug）中。

檢查一下吉利丁軟化情形 – 感覺有點像海蜇皮做成的面紙 – 擠壓吉利丁片，使多餘水份滴回淺碟中，把吉利丁放入已裝了一杯巧克力液體的耐熱壺中，同時攪拌。

吉利丁在壺裡完全融化後，把整壺液體倒回離火的平底深鍋裡，同時攪拌，再倒回耐熱壺裡，依序倒入每個金屬模前，都先攪拌一下。最後移到冰箱冷藏至少 6 小時，隔夜為佳，直到定型。

為使脫模容易，可將每個金屬模的底部浸在剛沸騰的水裡，一次一個，每次停留約 8 秒鐘，離水數秒，再把水擦乾，蓋上小盤子或淺碟，倒扣金屬模，使義式奶酪掉到盤裡。依同樣的方式，將剩下的 5 個奶酪脫模，然後上桌。在桌邊擺放一小壺鮮奶油 – 添不添榛果利口酒都隨你 – 一起享用。■

6 人份 Ⓝ
全脂牛奶 250 毫升
濃縮鮮奶油（double cream）
　　250 毫升
榛果巧克力醬（Nutella 或其他類似
　　抹醬）250 毫升
吉利丁薄片 2 片（每包 15 片總重
　　25 公克的包裝）

榛果奶醬（Frangelico cream），
*　　上菜用（可省略）*
濃縮鮮奶油（double cream）
　　6 大匙（6×15 毫升）
榛果利口酒（Frangelico hazelnut
　　liqueur）6 小匙

容量 125 毫升的烘焙用金屬模
　　（dariole moulds）6 個

這些煎餅就是－毫無冒犯義大利人之意－我們所認為的法式可麗餅（crêpes）。這裡的吃法，則當作是義式薄餅（crespelle）。為了做出快速的晚宴甜品，我買現成的可麗餅，裡面填入馬斯卡邦和瑞可達起司，以檸檬、香草和蘭姆酒調味，簡單地做成小包裹；烘烤後，嚐起來就像裹著起司蛋糕的柔軟煎餅。上頭用蘭姆酒浸漬過的草莓粒當裝飾，是為了反映懷舊起司蛋糕上的水果配料；更重要的是，酒精提高了莓果的清新度，可削減起司餡料的濃膩感。分配比例上，每人一個小包裹應該剛好，但我想會有一半的人想要再來第二份。如你所願，可讓每人分配到兩片，反之，若有需要亦可做出更多人份。烤好後，它可以定型得很好，經過切割也不易變形，因此甚至可切成條狀或小方塊。

馬斯卡邦和瑞可達起司煎餅，以及藍姆酒漬草莓
MASCARPONE & RICOTTA PANCAKES WITH RUM-STEEPED STRAWBERRIES

烤箱預熱至180℃／熱度4，草莓去葉去蒂切丁，放入碗裡，撒上2大匙糖和2大匙蘭姆酒。用保鮮膜封住浸漬－搖晃草莓碗1~2次－然後準備可麗餅。

在瑞士捲烤盤或類似有邊烤盤上，刷上薄薄一層融化的奶油，或襯上烘焙紙，然後把預備的1小匙蘭姆酒和剩下的奶油拌勻，置旁備用。

把馬斯卡邦起司和瑞可達起司攪拌均勻，直到變得質地輕盈並充分混合，加入蛋拌勻，再加入50公克的糖、磨碎的檸檬皮、香草精和剩下的1大匙蘭姆酒。

把可麗餅攤開，淺色面朝上，舀出⅓杯－約為一滿杯的濃縮咖啡杯－的混合起司糊放在中央，把煎餅的上下二端折起來，再來折二個側邊，成為一個鼓鼓的包裹。折起的那一面（或接縫面）朝下，放在瑞士捲烤盤上，如此繼續做好其他7個煎餅。

在可麗餅表面刷上蘭姆奶油，放入預熱過的烤箱烘烤20~25分鐘，完成時，體型會膨脹一點，雖然裡頭的填餡會稍微滲出，但仍是安全的定型。

靜置1分鐘左右，再小心地移到上菜盤上（或直接用烤盤上菜），上桌享用時，舀上一匙閃耀動人的蘭姆酒漬草莓。∎

6人份（可做8個煎餅）
漬草莓：
草莓500公克
細砂糖2大匙（2×15毫升）
蘭姆酒（rum）2大匙（2×15毫升）

鑲餡煎餅：
無鹽奶油2大匙（2×15毫升），
　　30公克，事先融化
蘭姆酒（rum）1大匙（1×15毫升），
　　另備1小匙（1×5毫升）
馬斯卡邦起司（mascarpone）
　　250公克，置室溫
瑞可達起司（ricotta）250公克，
　　置室溫
蛋1顆
細砂糖50公克
未上蠟的磨碎檸檬皮（zest）1顆
香草精（vanilla extract）½小匙
市售可麗餅（crêpes）8片

瑞士捲烤盤（Swiss roll tin）或有
　　邊烤盤（lipped baking sheet）
　　1個

那個起初藐視提拉米蘇的我，如今卻成為其忠誠的信徒，常找藉口再做一次。我嘗試過安娜戴康堤Anna Del Conte*的全蛋白的蛋白霜（meringue）版本、有點傳統的（我當然知道提拉米蘇是二十世紀後半期才出現的）、榛果利口酒（Frangelico），以及貝禮詩香甜奶酒（Baileys）做成的版本。

有些人認為，提拉米蘇的起源和一般認知不同，出自於casa chiusa（名譽不佳的房子），「帶我走pick-me-up」是那裡工作女孩們最常說的一句，也就是tira-mi-su字面上的意思。無論如何，我的食譜採用最初的原料組合－只是份量較小。並非因為我崇拜「嬌小可愛」－你知道的－而是因為這樣，你就可以在人少時也來做提拉米蘇（不需要因此舉辦大型宴會），而且更不費時。我是說，真的只需要一點點時間，因為不像大型崔芙鬆糕（trifle）一樣，這些提拉米西尼－想像一下浸過咖啡的手指餅乾、舀上熟悉的、打發過的馬莎拉酒調味馬斯卡邦起司，再盛入小份的馬丁尼杯裡－無需靜置隔夜才能享用。

因為省略蛋黃，因此它們也清爽一點－馬斯卡邦起司已經夠濃郁了－但我保留了蛋白，以增加蓬鬆輕盈感。我買的是盒裝蛋白（殺菌過的），並常備在手邊（閱讀讀者須知**第xiii頁**關於蛋的項目）。手指餅乾、馬斯卡邦起司和馬莎拉酒也是我的廚房常備品；家裡一定有咖啡，與其相呼應的咖啡利口酒也一樣，但想要的話，也可省略咖啡利口酒，只要增加咖啡份量即可。

提拉米西尼（提拉米蘇馬丁尼）
TIRAMISINI

4人份
濃縮咖啡（espresso），或超濃即溶咖啡 100毫升
咖啡利口酒2大匙（2×15毫升）
海綿手指餅乾（Savoiardi biscuits）4塊
蛋白2個
馬斯卡邦起司（mascarpone）250公克
蜂蜜2大匙（2×15毫升）
馬莎拉酒（Marsala）2大匙（2×15毫升）
優質可可粉約1小匙

小型馬丁尼杯（容量約125毫升）4個

做好濃縮咖啡倒入耐熱壺（heatproof jug）中，加入咖啡利口酒，放涼。我發覺天冷時，放室外10分鐘即可。

將每塊手指餅乾掰成4份，分別放入馬丁尼杯裡，澆上冷卻的濃縮咖啡混合液。稍微往下按壓，確定餅乾濕透。

用電動打蛋器（方便起見）將蛋白打發到以打蛋器舀起，尖端呈微微下垂的軟立體濕性發泡狀（soft peaks），靜置一旁備用。

將馬斯卡邦起司舀到另一個碗裡，加入蜂蜜；我喜歡其溫暖的甜味和馬莎拉酒的完美結合，不過用糖也行。以電動打蛋器（無須再清洗）攪拌到質地滑順，加入馬莎拉酒，同時慢慢攪拌。

拌入（fold in）蛋白，每次⅓的量，然後把這混合糊舀入馬丁尼杯裡，放在浸泡過的手指餅乾上，用湯匙背把表面旋轉塑出尖峰。

置冰箱至少20分鐘，可到24小時之久，上菜時，透過極細的濾網篩上可可粉。■

＊極為傑出的義大利飲食作家與食譜作者。

我敢說編寫義大利食譜書時，放入三色甜品一點也不算創新，但我就是忍不住。再說，莓果的酸甜和開心果的芳香－在口味和質地上－恰好和輕軟的香草慕斯形成對比。我稱它為慕斯，因為做法非常簡單，只是將打發的蛋白，拌入以糖和香草籽調味的濃縮鮮奶油裡。取香草籽時，我用一把尖銳的小刀自正中央縱切香草莢，然後再用刀尖刮除挖取細籽。如果像我這種，被電視導播說成「類運動障礙」者都能完成，任何人都能做到。對了，空豆莢別扔掉，沖洗後晾乾可放入砂糖罐中，增添烘焙時的風味。

若你想要撒在香草慕斯上的開心果呈均勻的細粉狀，就必須要用磨豆機（coffee grinder）；否則用手切成碎粒就行，大概要再多加一匙的量才可完全覆蓋滿表面。至於下方的莓果，為了保持三色主題，我喜歡用百分之五十的覆盆子（整顆不切），配上百分之五十的草莓（切成覆盆子般大小），不然，你手邊有的其他綜合莓果也很適合。

你可能已注意到了，我的許多食譜都僅用蛋白，因此我的冰箱裡常備有殺菌過的盒裝蛋白。實際上我已經太習慣它們了，看到以盒裝出現，甚至一點也不覺得奇怪。（請閱讀讀者須知**第 xiii 頁**關於蛋的項目。）

香草慕斯，莓果和開心果
VANILLA MOUSSE WITH BERRIES & PISTACHIOS

6 人份
放養有機（free-range organic）或
　經殺菌過的雞蛋蛋白 2 個
濃縮鮮奶油（double cream）
　300 毫升
細砂糖 100 公克
香草籽 1 根香草莢的量
覆盆子（raspberries）200 公克
草莓 200 公克，切塊
切碎的開心果 1~2 大匙（1~2×
　15 毫升）

容量約 175 毫升的玻璃杯 6 個

在清潔無油脂的碗裡，將蛋白打發到以打蛋器舀起，尖端呈微微下垂的濕性發泡狀（soft peaks）。

鮮奶油倒入另一個碗裡，加入糖和香草籽，一樣打發到形成尖端微微下垂的軟立體狀（soft peaks）。輕輕地將打發蛋白拌入（fold in）香草鮮奶油裡，來製作慕斯。

把莓果平均分配到 6 個玻璃杯裡，接近半滿的高度，舀上香草慕斯，直到每個玻璃杯的表面形成柔軟的尖端。

置冰箱裡冷藏 15~30 分鐘，若想要保存久一點（最久可到 4 小時），把裝著水果的玻璃杯和裝慕斯的碗分開冷藏，上桌前才組合。

食用時，撒上切成碎粒的開心果。■

這道食譜，可以做出世界上最簡單而又最可口的甜點，我在一本很棒的食譜書裡找到，作者是主廚及烹飪哲學家－喬奇諾•史葛拿米吉奧 Gioacchino Scognamiglio，書名是《Il Chichibio, ovvero poesia della cucina》，直譯成－登徒子與烹飪的詩意（我得告訴你，奇奇比奧 Chichibio 在薄伽丘 Boccaccio 的《十日談 Decameron》裡，是個放蕩的威尼斯廚子）。在史葛拿米吉奧 Scognamiglio 的煽動之下，我不辭勞苦地取得一瓶聖馬札諾香草酒（Elisir San Marzano），它有著獨特的義大利風味，帶有巧克力-咖啡-香草的氣息。你也可以用咖啡酒或蘭姆酒來代替，或最好是兩者混合。

這道甜品，和其他稍後列出的冰淇淋一樣，都是免攪拌（no-churn）的。把所有的材料混合，塞進吐司模裡，送入冷凍，就完成了。

食用時，我喜歡在四周放些覆盆子，以傑克遜•波洛克 Jackson Pollock 的抽象畫法淋上巧克力醬，巧克力醬的配方可在下一頁找到。

蛋白霜冰淇淋蛋糕和巧克力醬
MERINGUE GELATO CAKE WITH CHOCOLATE SAUCE

6-8人份 Ⓝ

濃縮鮮奶油（double cream）
　　300毫升
黑巧克力（含70%以上可可成分）
　　30公克
聖馬札諾香草酒（Elisir San
　　Marzano）1大匙（1×15毫升），
　　或以咖啡利口酒與蘭姆酒（rum）
　　個別或混合代替
市售蛋白霜烤餅（meringue
　　nests）*1包8個，約共100公克

上菜用（可省略）：
巧克力醬1份，見隔頁
覆盆子（raspberries）250公克

450公克／1磅的吐司模1個
　　（18×12×8.5公分或類似容量）

用保鮮膜鋪在吐司模內部，要確定大小足夠稍後用來覆蓋上層表面。

將鮮奶油打發到變得質地濃稠但仍柔軟。

把巧克力切得極細，如一堆深色碎片，和利口酒一起拌入（fold in）鮮奶油裡。

現在用蠻力，捏碎蛋白霜烤餅，也一起拌入。

把混合糊裝入準備好的吐司模，邊用刮刀往下壓，將垂下來的保鮮膜往上掀起，蓋住上層表面並封緊，再用更多保鮮膜把整個吐司模完全包裹起來。送入冷凍室直到變硬，約需8小時或隔夜。

食用時，先取下外層的保鮮膜，再打開表面，利用垂下的保鮮膜提起凍硬的冰淇淋磚。在砧板上，將保鮮膜全部撕除，脫模，將冷凍的蛋白霜冰淇淋蛋糕切片食用。我喜歡在每片蛋糕表面，淋上鋸齒狀的巧克力醬（見隔頁和下一頁），並在盤子上點綴幾顆覆盆子。■

---

* 蛋白霜烤餅（meringue nests）蛋白加糖打發成蛋白霜，再以低溫烤熟，亦有音譯為馬林糖。

這裡的做法如此簡單，幾乎要令我感到羞愧，但你會發現，雖然程序簡便，其風味卻如此深沉複雜而迷人。

所以注意了：你不必做卡士達醬（custard），不需要冰淇淋機。你可以（我常如此）搭配巧克力醬（見前頁）享用，但我最喜愛的方式，就是把它塞入小布里歐許麵包（brioche）裡，做成甜味漢堡麵包，像義大利南部的吃法。幸運地，我家附近的義大利咖啡館會賣這種麵包給我，不過，我仍在持續努力地搜尋網路上的資源。

我用的是義利濃縮咖啡酒（Illy espresso liqueur），但任何一種咖啡利口酒都行，即使濃度稍淡。我沒有試過用一般即溶咖啡顆粒，來取代即溶濃縮咖啡粉，但我敢說，若你增加份量且先用少許滾水來溶解顆粒，應該也可以。

但這裡的配方所做出來的成果，使我感到十分滿意，因此完全不想作任何微幅更動。我太常自己動手做這個冰淇淋了，因此喜歡手邊常備這些主要材料。

或許我無需提醒你這點，但保險起見，記得在烹飪時所說的1大匙，剛好是15毫升；我的即溶濃縮咖啡粉，附有一個5毫升的小匙，所以，6小匙就剛好是正確的份量。

免攪拌，一個步驟做咖啡冰淇淋
ONE-STEP NO-CHURN COFFEE ICE CREAM

可製作800毫升 Ⓝ
濃縮鮮奶油（double cream）
　300毫升
煉乳（condensed milk）175公克
即溶濃縮咖啡粉（instant espresso
　powder）2大匙（2×15毫升）
濃縮咖啡酒（espresso liqueur）
　2大匙（2×15毫升）

容量500毫升的密封罐或容器 2個

把所有材料混合，形成尖端微微下垂的軟立體狀（soft peaks），這就是咖啡牛奶色、美麗而輕盈的混合糊，放入密封罐內，冷凍6小時或隔夜。自冷凍庫取出後立即可享用。∎

標題裡的"DOUBLE AMARETTO"指的是杏仁餅（amaretti biscuits）和杏仁酒（amaretto liqueur）兩者皆有；semifreddo則是半凍（semicold）的意思，表示它雖然是冰淇淋，但質地柔軟而非凍硬（請注意餅乾要買酥脆的，而非包裝上寫有morbidi柔軟或鬆軟的種類，請閱讀讀者須知**第xiii頁**關於蛋的項目）。

這款半凍冰糕的做法剛好也很簡單；我以前提供過其他食譜，雖然美味可口，還是要懸在滾水鍋上方，在耐熱碗裡攪打蛋黃和砂糖。就冰淇淋來說，它的作法真是易如反掌：不用費力攪動，無須機器攪拌。只要把優雅的烘焙用金屬模（基本上，這並非我的風格，見**第155頁**「義式奶酪三重奏」）裝滿，送入冷凍6小時以上或隔夜。

脫模時，把模型底部浸入裝了熱水的杯子或小碗裡30秒，蓋上小碟子或淺碟壓緊，翻過來脫模。想要的話，也可用保鮮膜襯在模型裡（預留足夠的長度，以助稍後拉出半凍冰糕）。杏仁酒杏桃醬，是在上桌時澆在個別小凍糕上。醬汁不需太多，因此不要擔心下面配方的份量極少。並且，醬汁不可以是溫熱的，所以可提前做好。我喜歡在凍糕進冷凍的同時做好醬汁，放入牛奶壺裡，用保鮮膜包好，需要時再從冰箱取出。

我知道時髦的義大利人認為，杏仁酒是難以言喻的低俗（déclassé），但這不正是魅力所在？

雙杏仁半凍冰糕和閃亮杏黃甜醬
DOUBLE AMARETTO SEMIFREDDO WITH GOLDEN-GLEAMING SAUCE

6人份 Ⓝ

義大利杏仁餅（amaretti biscuits）50公克，酥脆型的，而非鬆軟（morbidi）的種類

濃縮鮮奶油（double cream）250毫升

蛋白1個

糖粉（icing sugar）2大匙（2×15毫升）

杏仁酒（amaretto liqueur）3大匙（3×15毫升）

▶

把杏仁餅放進冷凍袋裡，用擀麵棍敲成碎粒狀：粗細混合的碎粒無妨，但不要過分暴力使其變成細砂狀。

把鮮奶油和蛋白放進攪拌碗（mixing bowl）裡打發，形成尖端微微下垂的軟立體狀（soft peaks），快速起見，可用電動打蛋器。

加入糖粉和杏仁酒攪拌，然後拌入（fold in）餅乾碎粒。

把混合糊裝進6個金屬模裡，往下壓緊且把表面抹平。用保鮮膜封好，放入冷凍庫至少6小時或隔夜（但不要超過1週）。

製作醬汁，把果醬和杏仁酒放入小平底深鍋裡，加熱到沸騰，並充分攪拌混合。

煮沸1分鐘，離火稍微冷卻，再倒入小牛奶壺。放至完全冷卻，加蓋置旁備用。

準備上桌時，可將半凍冰糕的金屬模底部浸在剛沸騰的水裡，一次一個，每次停留約30秒鐘，離水數秒，再把水擦乾，蓋上小盤子或淺碟，倒扣金屬模，使半凍冰糕掉到盤裡（再倒扣一次，若一次扣不出來），舀上一匙金黃閃亮的醬汁，淋在半凍冰糕上。我會連瓶榛果利口酒和6個小酒杯一起上桌。■

醬汁：

杏桃果醬50公克
杏仁酒60毫升

容量125毫升的烘焙用金屬模
（dariole moulds）6個

我不知道我該為此致歉或吹噓一番？無論如何，我想你會感謝我。說起來，它的作法真是令人羞愧地簡單，去年聖誕節我第一次試做一份量做了很多－我想，這就是肆意放縱、無須計算卡洛里的應景美食，從此之後我決定，這麼美味又快速簡易的好東西，應該一年到頭都能擁有才對。

準備上菜前，別急著將起司蛋糕從冰箱取出。還留有冰涼口感，會比較好切，滋味也更好。

不過，榛果巧克力醬和奶油起司，都要先回復到室溫狀態才可開始製作。讓日子輕鬆一點，可購買已烘烤並切碎的包裝榛果。

巧克力榛果起司蛋糕
CHOCOLATE HAZELNUT CHEESECAKE

把餅乾掰碎到食物調理機的碗裡，加入奶油和1大匙（1×15毫升）的榛果巧克力醬，強力絞打（blitz）到混合物開始結塊。加入25公克烘過的榛果碎粒，繼續使用跳打鍵（Pulse鍵）一按一停絞打，直到混合物呈濕潤的沙質。

裝入活動式蛋糕模，用手或湯匙背面按壓緊貼底部。送入冰箱冷藏，同時來處理餡料。

將奶油起司和糖粉攪拌混合，直到質地滑順柔軟，然後耐心地自罐裡刮取剩下的榛果巧克力醬，加入奶油起司糊裡，繼續攪打至充分混合。

自冰箱取出活動式蛋糕模。小心地把榛果混合糊舀到餅乾底座上，抹平後，撒上剩下的榛果碎粒。蛋糕模置於冰箱冷藏至少4小時或隔夜。

為求最佳效果，自冰箱取出後立即食用，上桌前再把蛋糕自活動模鬆開取出，仍留在底盤上。把銳利的刀子在冷水裡蘸一下，擦乾，再切，每切一片都是相同的手續。別擔心：起初整個蛋糕看起來單調得令人失望，但切片後，深色的層次便顯露出來。■

8-12人份 Ⓝ

消化餅乾（digestive biscuits）
　　250公克
軟化的無鹽奶油75公克
榛果巧克力醬（Nutella）1罐400
　　公克，或其他的榛果巧克力抹醬，
　　室溫狀態
切碎的烤榛果（toasted
　　hazelnuts）100公克
奶油起司（cream cheese）500公
　　克，室溫狀態
糖粉（icing sugar）60公克，
　　過篩

直徑22或23公分活動式蛋糕模
　　（springform cake tin）1個

現代科技可以重現舊時代分享食譜的傳統，真是太方便了。以下的食譜就是最好的例子。法蘭西斯卡·派瑞卡 Francesca Petracca，是我的義大利推特追隨者之一，她推了一張家裡做的蘋果派（Torta di Mele）照片，我請她把食譜貼在我的網站上。在她提供之後，我跟著做出－類似的版本－就是以下成果。

法蘭西斯卡給 Torta di Mele 取的英文名字是義大利蘋果派，我忠實地照寫，雖說成品比較接近蛋糕。不管如何，滋味美妙極了：做法簡單，充滿醉人的鄉村風。我喜歡趁熱享用，當作甜點蛋糕（pudding-cake），搭配卡士達、馬斯卡邦起司或濃縮鮮奶油（打發或直接用皆可），但派瑞卡家族喜歡切片食用，搭配茶或濃縮咖啡（espresso）和喜愛的好友。誰敢說這樣不對呢？

我用紅粉佳人（Pink Lady）品種的蘋果，因為擺在蛋糕表面的蘋果薄片是不削皮的，所以質地密實的紅皮蘋果，效果較好且賞心悅目。但烘烤後容易變形的紅皮蘋果（如 Red Delicious品種），就不值得用在這裡。購物時要謹記在心；果皮的顏色只是其次。或許我必須提到，貼在我網站的原始版本，規定所有蘋果都要去皮；以下是我的懶人版 ...

所有的材料，都應維持在室溫狀態，這是烘焙的基本守則。

義大利蘋果派
ITALIAN APPLE PIE

8 人份 Ⓝ

軟化的無鹽奶油100公克，另備少
　許塗抹烤盤用
中筋麵粉（plain flour）250公克
泡打粉（baking powder）2小匙
鹽少許
細砂糖（caster sugar）150公克
蛋2顆
未上蠟的磨碎檸檬皮1顆
香草精（vanilla extract）1小匙
全脂牛奶75毫升，室溫狀態
粉紅佳人（Pink Lady）品種，或
　其他口感爽脆的蘋果3顆（共約
　500公克）

▶

烤箱預熱至200℃／熱度6。在活動蛋糕模圓邊內緣塗抹奶油，底盤襯上烘焙紙。

在食物調理機裡放入麵粉、泡打粉、少許鹽、100公克軟化的奶油、細砂糖、蛋、磨碎的檸檬皮和香草精，強力攪打成為濃稠滑順的麵糊。讓馬達繼續轉動著，自漏斗徐徐加入牛奶，稍微稀釋混合糊。

想要的話，也可用手將奶油和糖攪拌混合，直到顏色轉淡且滑順，接著加入蛋攪拌，再加麵粉、泡打粉、鹽、香草精、檸檬皮和牛奶，直到麵糊的質地變得柔軟有流動性。

把一顆蘋果對切，其中半顆蘋果去皮去核且切成約1公分方塊，加進麵糊裡，使用跳打鍵（Pulse鍵）一按一停地混合或用手攪拌。再將麵糊倒進活動式烤模中。

把其他蘋果切成4等分去核不去皮（包括之前未用到的半顆蘋果），再切成薄片，在麵糊表面，擺放成美麗的同心圓。

把紅糖和肉桂粉拌勻，撒在蘋果上，烘烤40~45分鐘，蛋糕應會膨高且呈金黃色。用蛋糕測試針插入取出時，僅有一些蛋糕屑沾附。

擺放1小時降溫，自蛋糕模取出切片，趁熱食用，或取出後放至完全冷卻。■

淡色紅糖（soft light brown sugar）或德梅拉拉（Demerara）紅糖＊1小匙
肉桂粉½小匙

直徑22或23公分活動式蛋糕模（springform cake tin）1個

＊德梅拉拉紅糖（Demerara sugar），以蓋亞納共和國Guyana產地命名的粗粒紅糖。

描述 crostata 最好的方式，就是想像成一個巨大的果醬塔，只是原本揉出的塔皮，用扎實的海綿蛋糕取代。總之，這是家庭自製風格的蛋糕塔（crostata）；店裡買到的，派皮經過繁複的手續製作、表面有格子編織圖案。

我發現在麵糊裡添加一些杏仁粉，可使海綿蛋糕外層不致過乾；麵糊當然不能太溼，質地要夠扎實，烘烤時才不會變形，但質地也不能太硬實。幸好，在中心點的果醬底層，杏仁糖般的質地仍然柔軟。說到這裡：我加了杏仁後，很自然地就選了杏桃果醬來搭配，但請自由選擇你喜歡的果醬。若是以如紅寶石般閃耀的黑醋栗果醬來填餡，我想它的外表依舊迷人，帶有女皇般高貴的外型。無論用什麼果醬，重點是不要太甜。若不巧失手，還是有檸檬汁可以補救，它的果皮使海綿蛋糕發散出十足義大利的芳香，所以想增添一點酸度，就順手加點檸檬汁。和多數海綿蛋糕相同，這款蛋糕塔應該要在完成的當天享用。

杏桃杏仁蛋糕塔
APRIOT & ALMOND CROSTATA

6-8 人份

無鹽奶油100公克，另備少許塗抹
　　塔模用
細砂糖（caster sugar）150公克
蛋2顆
未上蠟的磨碎檸檬皮 1顆，另備
　　果汁（可省略）
中筋麵粉（plain flour）150公克
杏仁粉50公克
鹽少許
泡打粉（baking powder）1小匙
優質杏桃醬300公克

直徑25公分（自凹槽邊緣測量）
　　的活動式塔模（fluted tart tin
　　with loose base）1個

烤箱預熱至180℃／熱度4。在塔模內緣塗抹奶油，每個縫隙都要塗到，或使用特製烘焙用防沾噴霧油。

攪打混合奶油和糖，直到顏色轉淡質地蓬鬆。加入蛋攪打，一次1個，加入磨碎檸檬皮攪拌。

把麵粉、杏仁粉、鹽和泡打粉拌勻，拌入（fold in）剛剛的混合糊裡。

把麵糊倒進（或刮進）塔模裡，用矽膠刮刀抹平，麵糊要壓進邊緣縫隙裡。然後，用小一點的金屬刮刀（或湯匙背面），在麵糊中央壓出淺淺的圓型凹槽－以盛放果醬－四周留下寬度約3公分、略為高起的塔邊。

取出所需份量的果醬，放入碗裡，稍微攪拌以稀釋質地，若要平衡甜度，這時可擠入少許檸檬汁。把果醬抹進塔中央的凹槽裡，不要沾到四周邊緣。

烘烤25~30分鐘，直到海綿蛋糕圓周膨高且呈金黃色，觸感緊實，用蛋糕測試針插入邊緣取出後不沾黏。小心地自烤箱取出。

連塔模放在網架上放涼約15分鐘，然後非常小心地自凹槽處取出蛋糕塔，仍留在底盤上。蛋糕塔過涼，會不容易脫模。絕對不要嘗試脫下底盤。

將蛋糕刀滑入塔底和底盤之間，稍微鬆動，仍留在底盤上切片，趁溫熱搭配冰淇淋、打發鮮奶油或馬斯卡邦起司（mascarpone）當餐後甜點食用，或者冷食搭配茶或咖啡。■

在義大利，一些非傳統的義式烘焙以及老式美味的英國烤麵屑，似乎開始受到歡迎－甚至變得頗為時髦。"Il crumble"，是義大利人的稱呼，是指在水果上覆蓋briciole croccanti（酥脆的碎粒），我加入了更酥脆的元素－展現了兩個偉大國家之間的和諧精神－壓碎的義大利杏仁餅，先撒一些在烤箱烤過的軟化水果上，因此紅寶石色的果汁可增加一些濃稠度，無須添加玉米粉。

請自由選擇其他顏色的李子，或其他你喜歡的水果，但要有心理準備修正檸檬和糖的份量。還有，我喜歡香甜烤麵屑下的水果，帶些清新的酸味，有些人可能會覺得太刺激了。對我來說，對比是關鍵；若你要降低酸度，就再多加一些糖。

紅寶石色的李子和杏仁餅烤麵屑
RUBY-RED PLUM & AMARETTI CRUMBLE

烤箱預熱至190℃／熱度5，同時放入一個烤盤（baking sheet）。把義大利杏仁餅放進冷凍袋裡，用擀麵棍或類似器具敲碎成粗粒，倒進碗裡。

在大型平底鍋（附鍋蓋）裡把奶油融化，加入備好的紅李，撒入2大匙糖，加上檸檬皮和果汁，在爐火上搖晃一下鍋子，不加蓋煮2分鐘，再加蓋續煮2分鐘。此烹煮時間基於紅李是熟透的狀態；若水果還不夠熟，就必須加蓋煮久一點，並不時查看。若烹煮時間較久，可能要加入預留的½顆檸檬汁（及更多糖）。

把紅李倒在派盤內（小心燙），置旁備用。紅色的果皮已融出石榴色的汁液。撒入2大匙義大利杏仁餅碎粒。

做烤麵屑最簡單的方法，就是把麵粉和泡打粉放入直立攪拌機（freestanding mixer）的碗裡，搖晃均勻，加入冷奶油丁，用槳狀（flat paddle）攪拌器，無須高速，攪打到混合物看起來像大片的燕麥片。亦可用雙手處理，用手指將奶油丁和麵粉摩擦，做出麵屑。

加入糖，用叉子攪拌，放入剩下的義大利杏仁餅碎粒，用叉子混合均勻。把烤麵屑混合物倒在派盤的水果上，確保邊緣都覆蓋上烤麵屑，以免滲漏，不過，我當然也喜歡濃稠的糖漿滲出一點到表面上。

放在烤箱內的烤盤上，烘烤30分鐘；可以看到邊緣冒出一些深紅色的泡泡，部分表面轉變成金黃色。忍得住的話，靜置10~15分鐘再上桌，搭配冰淇淋、打發鮮奶油或馬斯卡邦起司（mascarpone）。∎

6-8人份 Ⓝ

義大利杏仁餅（amaretti biscuits）
　100公克，酥脆的而非鬆軟
　（morbidi）種類
無鹽奶油2大匙（2×15毫升），
　30公克
紅李（red plums）1公斤，體型大
　者切成4等分，小的則對切，
　去核
細砂糖（caster sugar）2大匙
　（2×15毫升）
未上蠟的磨碎檸檬皮和果汁½顆

烤麵屑（crumble topping）：
中筋麵粉（plain flour）150公克
泡打粉（baking powder）1小匙
冰冷的無鹽奶油100公克，切成小丁
細砂糖3大匙（3×15毫升）

直徑約23公分、高度6公分可烘烤
　的派盤（pie dish）1個

優格圓蛋糕
YOGURT POT CAKE

若說有哪個義大利人家裡，沒有優格圓蛋糕食譜，那我肯定還沒見過。我幾近瘋狂地偏愛這款樸實的蛋糕。它的香味，充滿令人懷舊的義大利的氣息－烘烤時，我以為自己置身於義大利的廚房－而它的味道－檸檬和香草的組合，以及老式迷人的製作方式，在在使人低迴。

好了，你的優格罐就是計量單位。雖然我抄下的原始食譜（某年夏日在我租來的房子廚房裡發現的潦草紙片），指定的優格罐是125毫升，我仍使用相同的雞蛋份量，來對應我的150毫升優格罐。我想現代雞蛋，已經比這款蛋糕發明時來得大了。不管怎麼樣，這樣的比例行得通，這是最重要的。一個蛋糕，需要1罐優格、2罐糖、1罐油、1罐馬鈴薯澱粉或玉米粉，和2罐麵粉。為了統一這種原始量秤風格，我也指定使用2瓶蓋的香草精。

馬鈴薯澱粉在義大利隨處可見，但在英國並非如此，因此我用玉米粉來代替。記得馬鈴薯澱粉質地較緊實，或說是每罐的重量會比玉米粉大。也就是說，使用馬鈴薯澱粉時，重量是100公克，而同樣容量的玉米粉則是75公克。我特別在食材上標示重量，這樣就算你使用大型優格罐，也方便計算，同時我認為材料表也應該身兼採買清單。

我知道這個蛋糕最好呈環狀，因為它的義大利名稱就是ciambella（讀音如：強-貝-拉）。在英國，直徑22公分的沙瓦蘭蛋糕模（savarin）或環狀模，是標準烘焙用具。但若對你比較省事，也可使用直徑22或23公分的活動式蛋糕模：蛋糕的膨脹度不會那麼高，但不要用直徑更小的，因為中央沒有洞而容器更高的話，蛋糕的中心部分會烤不熟。

最後，我知道打發蛋白似乎有點麻煩，但只是「似乎」；現代我們有電動打蛋器，其實一點也不費功夫。

這是我最愛的週末早餐，或者也可說是，我隨時都愛的小點心。

我第一次發明這食譜，是因為有位完全不能吃小麥及乳製品－是真的－的訪客來用餐，它是如此入口即化地美味，因此，我現在常做給那些生活和飲食沒有受到如此不公平限制的人吃，包括我自己。

因為添加了杏仁，所以質地較密實－也不是說這樣不好－如果你比較喜歡內部輕盈膨鬆不濕軟，且不介意麩質（gluten），可用125公克的普通麵粉取代150公克的杏仁粉。如此也許更適合作為日常蛋糕食用。

用杏仁來做時，比較帶有晚餐宴會甜點的氣氛，我喜歡還帶點溫熱時享用，旁邊放一點覆盆子之類的莓果，和一杓馬斯卡邦起司或冰淇淋。

橄欖油巧克力蛋糕
CHOCOLATE OLIVE OIL CAKE

可切成 8-12 片 Ⓝ

烹調用（regular）橄欖油150毫升，
　另備少許塗抹蛋糕模用
優質可可粉50公克，過篩
沸水125毫升
優質香草精2小匙
杏仁粉150公克，或中筋麵粉
　125公克
小蘇打粉（bicarbonate of soda）
　½小匙
鹽少許
細砂糖（caster sugar）200公克
蛋3顆

直徑22或23公分活動式蛋糕模
　（springform cake tin）1個

烤箱預熱至170℃／熱度3。在蛋糕模內緣塗抹少許橄欖油，底部襯上烘焙紙。

取所需的可可粉，過篩到碗或壺（jug）裡，加入沸水攪拌，直到巧克力糊變得滑順帶點流動感（不能比這樣更稀）。加入香草精攪拌，靜置放涼。

取另一小碗，把杏仁粉（或麵粉）、小蘇打粉和鹽混合均勻。

把糖、橄欖油和蛋放進直立式攪拌機（freesatnding mixer）的碗裡，用漿狀攪拌棒高速攪打約3分鐘（或放入另一個碗裡，以你選擇的工具攪拌），直到質地變得如鮮奶油般濃稠而輕盈，呈淡黃色。

把速度轉低一點，加入可可糊，一邊加一邊攪拌，倒完可可糊後，慢慢加入杏仁粉（或麵粉）混合物。

用刮刀把旁邊的麵糊刮下來，攪拌一下，把這深色帶流動感的麵糊，倒入準備好的蛋糕模。烘烤40~45分鐘，或直到邊緣定型、中心點表面帶點濕潤。用蛋糕測試針插入取出後，僅沾有少許黏稠的巧克力蛋糕屑。

連烤模放在網架上置涼10分鐘，然後用小金屬刮刀鬆開蛋糕邊緣，自烤模取出。放至完全冷卻，或趁熱搭配冰淇淋當甜點享用。■

你可能認為香蕉麵包並非義大利食譜，當然你是對的。現在在義大利，它卻大受歡迎，就像許多其他來自英美的烘焙食品一樣。不過，我還是想加入一個義大利元素（諷刺的是，義大利人寧願不要）。我加了即溶濃縮咖啡（espresso）粉，雖然份量不少，但一點也不會過於強烈：可以隱約嚐得到，咖啡微妙的苦味，高雅地平衡了香蕉的濃稠香甜。

義大利人喜歡早餐吃甜的，但我不是，所以這個蛋糕甜度較低。請隨意在一兩片濕潤的麵包上，抹上巧克力醬，或馬斯卡邦起司（mascarpone）並撒上肉桂粉。

若你克制得住，等到烘烤後的第二天再吃，最為美味。我覺得其實這樣更省事：比如說，你可在星期天把所有材料混合好（麵糊一會兒就可做好），接著一整周都有美味的早餐麵包等著你。不過，請別因為標題上有早餐兩個字，就在其他時刻忽略了它；它是完美的午茶搭配，也是我繼女長久以來的摯愛。

這個配方也可做出12個馬芬（muffins）：放入200°C／熱度6的烤箱內，烘烤20分鐘。

義大利早餐香蕉麵包
ITALIAN BREAKFAST BANANA BREAD

可切成 8-10 片 Ⓝ
沒有特殊氣味的蔬菜油150毫升，
　　另備少許塗抹吐司模用
熟透的中型香蕉3根，帶皮總重約
　　400公克，去皮則300公克
香草精（vanilla extract）2小匙
鹽少許
蛋2顆
細砂糖（caster sugar）150公克
中筋麵粉（plain flour）175公克
小蘇打粉（bicarbonate of soda）
　　½小匙
即溶濃縮咖啡粉4小匙

450公克／1磅的深吐司模1個，
　　或12個的馬芬盤1個

烤箱預熱至170°C／熱度3，同時放入一個烤盤（baking sheet）。取出吐司模，襯上烘焙紙或吐司模襯墊，或用少許蔬菜油塗抹內緣。我發覺香蕉跟李子一樣，在烘焙時會產生不沾的效果，所以沒有襯墊也不用擔心。

把香蕉、香草精和鹽一起壓成泥，加入蔬菜油攪拌。方便起見，我在此用美式量杯的⅓杯，因為150毫升為⅔杯，用了2次⅓杯後，我將杯底殘餘的油脂拿來塗抹吐司模。

現在加入雞蛋攪拌，一次一個，接著是糖。

把麵粉、小蘇打粉和即溶濃縮咖啡粉混合均勻，然後將這些乾燥材料加入流質麵糊裡攪拌。

把麵糊倒入備好的吐司模，放入烤箱中的烤盤上，烘烤50~60分鐘，或直到麵包膨脹，邊緣稍微脫離吐司模，用蛋糕測試針插入取出後幾乎不沾，僅有少許碎屑。我勸你自我克制，等上一天或至少半天，再切片食用。若我辦得到，你肯定也行。∎

空氣裡溫暖的大茴香氣味，對我來說，就是義大利烘焙的味道。我承認甘草是使人愛恨兩極的風味（愛的人可輕快地翻開**第152頁**），但不知何故，這款大茴香酥餅在事前斷然聲明不喜歡大茴香或甘草類食品的人面前，大獲全勝。說實話，就算他們堅決不要，我也完全不介意；我們本來就喜歡的人可開心地多拿一點。不過，我還是很欣慰的發現，這道食譜並非只能取悅小眾族群。我非常希望，它可以當作任何時刻都適合享用的點心：早茶、下午茶，或帶出去搭配晚餐後咖啡享用都很完美。對於那些和我心意相通、熱愛甘草的人：我是否可懇求你，考慮用這道酥餅來搭配**第152頁**的甘草布丁？

請務必購買大茴香籽（aniseeds or anise seeds），即種籽本身，若是附近買不到，就上網搜尋。

大茴香籽酥餅
ANISEED SHORTBREAD

烤箱預熱至160℃／熱度3。取出烤模（sandwich tin），襯上烘焙紙或烘焙墊。

把麵粉、玉米粉、糖粉和奶油放入食物調理機，攪打（blitz）混合，直到變成淺色的麵團。

打開調理機遮蓋，加入大茴香籽，蓋回遮蓋，使用跳打鍵（Pulse鍵）一按一停攪打，直到芳香的種籽充分混合。

把混合糊放入烤模，耐心地壓平，直到烤模底部的麵團均勻平整。（是的，我知道大茴香籽和老鼠屎外觀難以區別，但我不知道如何說得優雅漂亮；所以別提了。）

放入烤箱，烘烤20~25分鐘，直到酥餅熟透，邊緣呈黃金色但表面仍是淺黃色。

移到網架上，若要表面呈現典型酥餅的虛線圖案，烤箱移出後，立即用叉子的尖端輕巧地點刺（小心，烤模很燙）；留在烤模裡靜置10分鐘，然後直接在烤模裡切成16個小楔形片。再置涼20~30分鐘，抬起烤模底盤，小心地把酥餅片移到網架或盤子上。冷嚐溫食皆可。■

可切成16片 ⓝ
中筋麵粉85公克
玉米粉（cornflour）65公克
糖粉（icing sugar）50公克
軟化的無鹽奶油125公克
大茴香籽（aniseeds）2小匙（2×5毫升）

直徑20公分活動式圓形淺烤模（sandwich cake tin with loose base）1個

不久之前，安娜戴康堤 Anna Del Conte＊－對我來說，她就是英格蘭正統義大利的代表－email 給我一個食譜，是她和孫女可可 Coco 一起製作的巧克力細扁麵（在此我得打斷自己告訴你，安娜的《Cooking with Coco》不只是當代經典，絕對必須擁有，雖然還沒收錄之後出現的巧克力義大利麵食譜）。「所以，」她在信裡這樣寫著：「我也變成英義式（Britalian）廚師了。」有了這句話，我想我應該是被允許製作巧克力義大利麵甜點了。這其實是安娜的食譜，只不過我偷懶地使用市售巧克力義大利麵。本書強調簡單與速度，因此要你自製可可義大利麵似乎不合宗旨。現成的版本也不好買，但為了這道不尋常而有趣的甜點，值得特別找一下（網路上也可買到）。

巧克力義大利麵，胡桃和焦糖
CHOCOLATE PASTA WITH PECANS & CARAMEL

2 人份

可可或巧克力義大利麵，如可可螺
　旋麵（cocoa fusilli）100 公克
鹽 1 或 2 撮
無鹽胡桃（pecan nuts）50 公克，
　略為弄碎
軟化的無鹽奶油 50 公克
深色紅糖（dark brown sugar）
　50 公克
濃縮鮮奶油（double cream）100
　毫升，另備一些上菜用（可省略）

燒水準備煮麵，當水沸騰時加少入許鹽來煮麵，依照包裝上的說明，把計時器設定在預計煮熟的 2 分鐘前。

把中型不沾煎鍋擺在爐上，放入胡桃，以中火烘烤。聞到香味飄出時，移到冷盤子上。

現在，在煎鍋裡，以小火把奶油和糖拌勻，直到形成熱呼呼的黏稠糖漿。小心地加入鮮奶油，一邊攪拌，讓焦糖混合液加熱到沸騰，加入烘過的胡桃和少許鹽，熄火。

瀝乾義大利麵前，用杯子盛出少許煮麵水，將瀝乾的麵放回煎鍋內，和深色的堅果焦糖醬攪拌混合，視狀況加入 1 或 2 大匙的煮麵水，有助醬汁沾裹義大利麵。拌勻後分盛到 2 個碗裡。必要的話，把一點濃縮鮮奶油裝在小壺裡上桌，淋在麵上一起享用。■

＊極富盛名義裔飲食作家與食譜作者。

AN ITALIAN-INSPIRED CHRISTMAS

義大利風格聖誕節

作為慶祝聖誕節日的首篇菜色－這一章比之前的篇幅更有興高采烈氣氛－這道食譜似乎過於簡單，但由此可看出我想要用怎樣的態度來度過這段節慶假日：輕鬆但令人振奮。就算處於歡樂情緒裡，我仍偏好輕鬆自在的態度。

實際上，我有點不好意思地將它稱為食譜，但這裡提供的方法太好用了，不能藏私。你可以把它當作完美的宴會餐前小點範本，不用開火。"cicchetti"是威尼斯語零嘴的意思，聽起來比對應的英文更迷人。

我的裹麵包棒唯一的重點是：帕馬火腿（Parma ham）－或我偏好來自弗留利 - 威尼斯朱利亞區（Friuli-Venezia Giulia）的聖丹尼爾火腿（prosciutto di San Daniele）－要和較粗的義大利麵包棒（通常標示為 grissini rustici）等重。若你使用大量生產、較細的格里西尼麵包棒，可能火腿份量要減少一些。

順便一提，也許你有興趣知道，當我們看到高瘦模特兒身材的人時，會叫他"a stick insect 竹節蟲"；義大利人則會說"grissino 麵包棒"。我倒是永遠不用擔心。更何況，我選的麵包棒還是加大版的。

義式火腿裹格里西尼麵包棒
PROSCIUTTO-WRAPPED GRISSINI

取出格里西尼麵包棒，用手掰成不規則長度，將整條或整片（視拆封後的火腿薄片形狀而定）的粉色火腿，包裹覆蓋在每個麵包棒上，擺放在盤子裡供賓客自行取用。∎

10 人份

粗型格里西尼麵包棒（grissini rustici），或其他義大利麵包棒（breadsticks）250 公克

聖丹尼爾火腿（prosciutto di San Daniele）或帕馬火腿（Parma ham）250 公克，由熟食店切成極薄片

蟹肉克羅斯提尼麵包片
CRAB CROSTINI

在我的第一本書《How To Eat》裡，我用了好多頁（那本書很厚）來寫克羅斯提尼麵包片的食譜，到現在我還沒寫完。若你和克羅斯提尼麵包片不熟，讓我簡略地提示你一下：把拐杖麵包（baguette）或長瘦形麵包切片，用烤箱烤成金黃色，放涼後抹上喜歡的表面餡料，就是這麼簡單。你知道，我並不擅長前菜，但辦過很多晚宴，我都是端上一盤這樣的麵包片，搭配飲料就打發了。

蟹肉、辣椒、檸檬：三項食材；形成一道耐人尋味的享受。和直麵（spaghetti）或細扁麵（linguine）攪拌混合，就是極致的冤開火義大利醬（我之前寫過，因此沒在本書出現），或是加入米粒裡做成夢幻燉飯（見**第40頁**）。在這裡，它們共同創造出最省事的開胃菜。真的是很簡單：我發現，英國也可以買到美味的義大利脆餅，linque di suocera（它被翻譯成丈母娘的舌頭），我買一大包，掰成小塊，上菜前再抹上辣味蟹肉。比較傳統的克羅斯提尼麵包片，就把拐杖麵包（baguette）或細棍麵包（ficelle）（如此稱呼是因為比較細，像繩狀，我知道兩者都是法文，但我也沒辦法），切成1公分的厚片，頭尾兩端不用（廚子專屬的零嘴，快吃，不然就不新鮮了），然後刷上大蒜油；放在下墊烤盤的網架上，送入預熱好的烤箱，每一面以200°C／熱度6烘烤5~7分鐘，然後置涼。我的冷凍庫，有好幾袋的原味麵包片（或放入密封盒可保存2~3天），方便隨時地塗油烘烤。

現在談一下表面的辣味蟹肉餡料：我用白色和棕色各一半的混合蟹肉。我並不是要你自行烹煮螃蟹再挑出蟹肉，我到魚販雷克 Rex 那裡購買。甚至我發現，現在超市也有賣小罐裝的新鮮蟹肉，有全白、半白半棕和全棕色的。事實上，我真的希望可以全部用幾乎如內臟般濃郁的棕色蟹肉，但我知道多數人不能接受。比例各半是完美的選擇，原因之一是柔軟的棕色蟹肉，使餡料好塗抹，容易黏附在麵包上。若你不吃或買不到棕色蟹肉，就得替甜美的白色蟹肉想出別的固定劑。我猜一大匙左右的美乃滋應該可行，不過我個人並沒有這麼喜歡（市售的）美乃滋到想去實驗。

即使如此，以下提供的份量足以做出35片的小麵包片或脆餅。

若使用麵包而非餅乾，見本食譜前言，且依指示操作。

檢查白蟹肉是否殘留蟹殼碎片，然後把所有蟹肉放入碗裡，加入1顆的磨碎檸檬皮和果汁。

加入切碎的紅辣椒和巴西利，充分拌勻。拌勻後可封好，置冰箱冷藏24小時之久，使用時取出再拌一下。

塗抹到烤好的麵包或餅乾上（依食譜前言處理）：每片麵包抹1小匙即可，因棕色蟹肉帶有濃郁口感，而辣椒則點燃辛辣烈火。■

可做成 **35** 份

拐杖麵包（baguette），或細棍麵包（ficelle）1根，或義大利脆餅（linque di suocera biscuits）或其他餅乾1包

蟹肉200公克，半白半棕，隨個人喜好

未上蠟的磨碎檸檬皮和果汁1顆

紅辣椒1根，去籽切碎

切碎的新鮮巴西利（parsley）1大匙（1×15毫升）

戈根佐拉起司和坎尼里尼白豆蘸醬，以及三色錦蔬
GORGONZOLA & CANNELLINI DIP WITH A TRICOLORE FLOURISH

我愛極了這裡藍紋起司和白豆的組合，但我必須要說，它的完美風味主要來自馬斯卡邦起司（mascarpone）和馬莎拉酒（Marsala），它們分別帶來了口感的滑順，以及味道的煙燻深度。

我喜歡這個蘸醬口味重一點：要能夠嚐到藍紋起司的刺激風味。若你想要口味清淡一點，比較能適合大眾，只要將藍紋起司減量即可。我從150公克（不含外皮）開始放，逐次添加，直到我能感受到它強烈的風味，結果用了2倍的量；但你可以自行決定份量。

我不否認這蘸醬本身很像屍體的顏色，藍灰慘白，但我馬上就會撒上切碎的青蔥－細香蔥也行－和去籽紅辣椒，然後再漂亮地端上一大盤三色生菜（tricolore crudités）。搭配以下的蘸醬份量，我會將兩個紅椒去芯去籽切片、取下一小顆花椰菜的小花蕾擺在盤上，然後放上300公克的新鮮甜豆莢（sugar snaps）。（說到這裡，容我向義大利人致歉，拍攝的角度不對，把你們的國旗顏色顛倒了。）我還添了些麵包棒和餅乾，主要是上一頁「蟹肉克羅斯提尼麵包片」用到的「丈母娘的舌頭」，用來蘸醬享用，以此取代新鮮蔬菜，或和新鮮蔬菜一起上桌。

當我減半份量製作時（我經常如此），還是會使用整罐豆子，因為剩下一半的罐頭在冰箱裡佔位子還真有點煩。

可製作800毫升（*當作前菜時，可供12人份以上，當自助餐點時，可供更多人食用*）Ⓝ

罐頭坎尼里尼白豆（cannellini）*
　1罐，400公克，瀝乾後沖洗
重味戈根佐拉起司
　（Gorgonzola piccante）
　300公克，不含外皮的重量
馬斯卡邦起司（mascarpone）
　125公克
原味優格150公克
刨碎的帕馬森起司（Parmesan）
　3大匙（3×15毫升）
現磨胡椒粉
馬莎拉酒（Marsala）2大匙（2×
　15毫升）
特級初榨橄欖油2大匙（2×15毫升），
　或適量

上菜用：
紅辣椒1根
青蔥1根，僅用蔥綠，或切碎的細香
　蔥（chives）1大匙（1×15毫升）

把經過瀝乾沖洗的豆子，放入食物調理機內（也可用手壓碎或手持式攪拌棒打碎），放入掰成碎塊的戈根佐拉起司。加入馬斯卡邦起司、優格和帕馬森起司，然後磨入足量胡椒粉。蓋上調理機蓋子，強力攪打至充分混合。

當質地仍呈粗粒乾糊狀時，繼續強力攪打，同時自食物調理機的漏斗，倒入馬莎拉酒，接著是橄欖油。適量調味（別忘了最後會撒上辣椒）且試一下口感；可能需要添加一點橄欖油，讓它質地滑順。

小心地移除調理機刀葉，把蘸醬刮入碗裡，或分盛到所需的小碗裡（若你想在此暫停，見筆記第266頁）。

上菜前，把1根鮮紅的辣椒去籽切碎，將蔥綠切成細片（或切碎細香蔥），把紅綠裝飾碎片撒在已盛好的蘸醬上。搭配生菜以及其他前言提到的搭配，或其他你喜好的選擇一起上桌。■

*坎尼里尼白豆（cannellini）：小型白豆的一種，口感鬆軟，略帶堅果味，流行於中義和南義，尤其是托斯卡尼（Tuscan），別稱白腰豆。

我以前寫過一個填餡潘妮朵妮（panettone stuffing）的食譜：甜滋滋的節慶水果麵包切塊烤過，再和義大利香腸混合；但以下這道食譜很不一樣，不僅可搭配**第221頁**的火雞（內部也有填餡），而且可像鹹味布朗尼（brownies）般，在宴會或搭配酒精飲料時小份量的享用。

同樣地，你可選用原味黃金麵包（plain pandoro）來做，但我認為濃郁的水果風味，正是這道特殊開胃小點（canapé）的魅力所在。

填餡潘妮朵妮麵包塊
PANETTONE STUFFING SQUARES

長型紅蔥去皮，對切（或洋蔥去皮切成4等分），蘋果切成4等分去核，義式培根（或五花培根）隨意切塊。把長型紅蔥（或洋蔥）、蘋果塊、用手剝成兩半的西洋芹和鼠尾草葉，放入食物調理機的碗裡，先強力絞碎一下，加入切好的義式培根（或五花培根），然後高速絞碎。不用擔心混合物看起來太溼；這正是我要的。你也可用手切碎；只是不會像食物調理機般切得那麼細碎。一切隨你。

在寬口、底部厚實的平底鍋裡，把大蒜油燒熱，翻炒混合物10~15分鐘，不時攪拌，直到蔬菜等軟化。

把炒過的混合物移到大碗裡，加入捏碎的栗子、刨入檸檬皮，擠入果汁，加入撕碎的潘妮朵妮麵包片，然後將一切材料充分混合－我用雙手－形成溼軟芳香的黏糊狀。（若要預先做好備用，接著置涼封好，移入冰箱可冷藏存放2天，若想冷凍，見筆記**第266頁**。）

準備好要烘烤時，烤箱預熱至200℃／熱度6，同時讓填餡回復到室溫。去除碗上的保鮮膜，混入打散的蛋汁，倒入拋棄式鋁箔烤盤，或塗過橄欖油的烤皿裡，抹平，烘烤25~30分鐘，直到邊緣上色且稍微脫離烤盤（或烤皿），蛋糕測試針插入取出後不沾。

當作開胃小點時，將烤盤置涼30分鐘，切成48個入口大小的方塊，或切成24份大一點的塊狀，搭配烤肉。■

可製作48個小方塊 Ⓝ

長型紅蔥（echalion or banana
　　shallot）4顆，或洋蔥2顆，共約
　　250公克
食用蘋果（eating apples）2顆，
　　共約250公克
義式培根片（pancetta）或去皮五
　　花培根（streaky bacon）375公克
西洋芹2枝
大片鼠尾草葉（sage）4片
大蒜油3大匙（3×15毫升）
真空包裝熟栗子200公克
未上蠟的磨碎檸檬皮和果汁1顆
潘妮朵妮麵包（panettone）或黃
　　金麵包（pandoro）500公克，
　　放隔夜（slightly staled），切片
蛋2顆
橄欖油，塗抹烤皿用

30×20公分拋棄式鋁箔烤盤（foil
　　tray），或可進烤箱的烤皿1個

這是一道義大利風格食譜，從澳洲經過巴西輾轉來到我這裡。容我細說從頭：我的巴西朋友，也是我認識最棒的廚師希利歐費立克 Helio Fenerich，為我做過這道餅乾，自此我就（很魯莽地）不斷地要求他再做一次。終於我懇求他將食譜給我，他說這配方來自澳洲。旅途確實值得：這食譜是超級贏家；只要有朋友來用晚餐，我就會開啓帕馬森起司酥餅自動模式，它不僅能完美搭配飲料，還可事前準備好。

真的，麵團做好後包起來，可放入冰箱冷藏3天之久，再依照以下步驟切片烘烤，但切片前，先讓這些散發起司香味的條狀麵團，在工作檯上靜置一下回溫。有時候，我會將麵團送入冷凍，以待日後使用（見筆記**第266頁**）。

帕馬森起司酥餅
PARMESAN SHORTBREADS

可製作35-40片 Ⓝ

中筋麵粉（plain flour）150公克

刨碎的帕馬森起司（Parmesan）
　75公克

軟化的無鹽奶油100公克

蛋黃1個

把所有材料混合均勻－可使用碗和湯匙、電動攪拌器或食物調理機－直到金黃色麵團逐漸呈圓團狀。

移到平台上，搓揉（knead）約30秒，至質地平滑，分成二份。

將其中一份用雙手，揉成直徑約3公分的圓柱狀，厚度儘可能一致，但不用過度苛求。兩端也要平整，使整個圓柱像疊高的硬幣。用保鮮膜包起來，將兩端的保鮮膜扭轉一下，看起來像聖誕節拉砲（Christmas cracker），放入冰箱，接著以同樣的方式，處理另一份麵團。

烤箱預熱至180℃／熱度4，同時讓包好的條狀麵團，在冰箱靜置休息45分鐘，那時應該很容易將它們切成厚片了：約1公分的厚度；像很厚的1英鎊硬幣之類的。

擺放在襯著烘焙紙的烤盤（baking sheet）上，放入烤箱烘烤15~20分鐘，直到邊緣開始變成淡金色。

自烤箱移出，置涼（忍得住的話）再享用。∎

雖然這些散發起司香味、酥脆金黃的三角形玉米糕，搭配香辣番茄蘸醬，是完美的宴會小點，但我得承認，我們家也喜歡當作早餐，像義大利版的薯餅（hash browns）或煎麵包片（fried slice），說法端看你是從哪裡來的。

以下起司的份量由你決定：當我把這些三角形玉米糕當早餐或晚餐配菜時，會加入50公克的帕馬森起司（Parmesan）；當作開胃菜單吃，或蘸番茄醬時，則用75公克的起司。製作玉米糕一點也不難，因為我是用即食（instant）或快煮的（quick-cook）。包裝上都有說明，但請注意－若要更動份量時－粗粒玉米粉要對上4倍的水量，例如：100公克的即食粗粒玉米粉，要對上400毫升的清水。

這真的再適合宴會不過了：溫暖可口但有著新奇的魅力。

三角形玉米糕和辣味番茄醬
POLENTA TRIANGLES WITH CHILLI TOMATO SAUCE

可製作30片三角形玉米糕 Ⓝ
清水600毫升
海鹽1小匙或細鹽½小匙，或適量
即食或快煮粗粒玉米粉（instant or quick-cook polenta）150公克
刨碎的帕馬森起司（Parmesan）50~75公克
橄欖油，用來烘烤三角形玉米糕

30×20公分拋棄式鋁箔烤盤（foil tray）或布朗尼烤盤（brownie tin）1個

上菜用：
辣味番茄醬，見隔頁

把**600毫升清水**放入大型平底深鍋裡，加熱到沸騰。加入鹽後，以穩定的細流倒入快煮粗粒玉米粉。邊煮邊攪拌玉米粥至濃稠，約1~3分鐘。濃稠度應是，當木匙插入玉米粥提起後，約需3~4秒鐘玉米粥才會落下。

當玉米粥達到理想稠度，並已烹煮了所需時間後，離火，拌入帕馬森起司，調味。

把少許冷水灑至拋棄式鋁箔烤盤（或布朗尼烤盤），稍微打濕表面，把玉米粥均勻地抹到烤盤上，用濕抹刀把表面抹平。

約需1小時置涼定型。冷卻後，把整盤切成15片（長3列短5列的方式）。每片再以對角線對切，切成三角形。

準備烘烤三角形玉米糕時，烤箱預熱至220℃ / 熱度7，或者把炙烤架（grill）燒熱。

把三角形玉米糕放在襯著鋁箔紙（或烘焙紙）的烤盤上，每個三角塊澆上約½小匙的橄欖油，烘烤10~15分鐘，直到熱透且某些部分呈深黃色；或在炙烤架下烤5分鐘，直到變得酥脆－仔細看著，不要走開。

稍微冷卻後放在大盤子上，搭配下一頁的辣味番茄醬上桌。∎

我喜歡我的番茄醬辛香強烈，但若你希望它的口味比較適合大眾，可能要將辣椒減量或甚至省略。

不用擔心我放了2瓣大蒜：這是整顆大蒜，之後會拿掉，只是用來增添醬汁的風味，而非喧賓奪主。

以下的份量足夠搭配前一頁的三角形玉米糕－一塊餅只蘸一次的前提下－但我還是喜歡在四周多擺幾個小碟，讓大家蘸用，所以有時候會做雙倍份量。熱的吃，可當作快速簡單的辣味義大利醬汁；冷的吃，可以考慮用來搭配**第58頁**的「蝴蝶切羊肉」，以及許多其他肉類料理。

辣味番茄醬
CHILLI TOMATO SAUCE

把橄欖油和大蒜，放入附鍋蓋的小平底深鍋裡，將大蒜煎成金黃色後立即離火，拌入乾辣椒片，讓橄欖油稍微冷卻。

現在－往後站一點以免被油濺到－加入白酒（或苦艾酒）。

當油濺平息後，將鍋子重新加熱，加入番茄罐頭和鹽。

把所有材料煮到沸騰，將火轉到最小，加蓋，續煮10分鐘。

把醬料倒入耐熱碗，置涼，去除大蒜瓣，調味。若要吃熱的，當然可以。同樣地，若要質地滑順不帶碎塊，就拿出手持式攪拌棒打碎，或用蔬果研磨器（vegetable mill）篩磨成泥。■

足夠搭配30片三角形玉米糕 Ⓝ
橄欖油2大匙（2×15毫升）
大蒜2瓣，去皮但維持整顆
乾辣椒片½小匙
不甜白酒或苦艾酒（vermouth）
　2大匙（2×15毫升）
碎粒番茄罐頭1罐，400公克
海鹽½小匙或細鹽¼小匙，或適量

我將這道菜視為聖誕沙拉（Christmas Caprese），因為我第一次做就在聖誕時節。但我並不希望因為這名稱，而限制了它的季節性。我知道你會說，在12月份去哪裡買什麼櫻桃番茄。不過老實說，在八月份的英國買到的番茄，不見得比淒涼冬季的番茄還要甜美多汁。無論如何，現在不是為了使用非本地非當季食材道歉的時候。我的番茄是在家附近蔬菜攤買的，我覺得這樣就夠了。不然，難道要我整個冬天只吃甘藍菜（cabbage）和防風草（parsnip）嗎？

我本來以為這樣簡單料理的番茄、莫札瑞拉起司（mozzarella）和羅勒沙拉，不會在義大利受到歡迎，但我聽說現在義大利的超級市場，冬天也有番茄可販售，－沒錯－即使當地的蔬果攤沒賣。所以，如果你在非產季時購買番茄，想要增添它的風味，這就是為你準備的食譜。不過你要知道，若我不認為這沙拉夠美味，也不會放進來了。

簡單來說，我將番茄烤過以濃縮風味，冷卻後，將這些香甜濃郁、外型乾縮的小紅點，點綴在品質最好的莫札瑞拉起司之間。我不是把羅勒葉（也非當季）撒在四周，而是將整杯羅勒葉和少許橄欖油，打成撞球檯般濃綠的醬汁；你得要有一個手持式攪拌棒才行，至少我需要。

我的卡布里沙拉
TOMATOES, MOZZARELLA & BASIL, MY WAY

烤箱預熱至220°C / 熱度7。

番茄切面朝上，放入剛好可緊貼排放的小烤盤（我用翻轉蘋果塔的塔盤tarte Tatin tin）。在每半顆番茄上，磨點胡椒粉、撒點海鹽和乾燥奧勒岡，並淋上烹調用橄欖油，把烤盤放入烤箱烘烤25分鐘，從20分鐘開始檢查是否熱軟。自烤箱取出，置涼到室溫狀態或稍高一點（可置室溫約4小時）。

著手做醬汁，把羅勒葉、2大匙特級初榨橄欖油、1小匙紅酒醋和1小撮鹽，放入適當的碗裡或杯子，用手持式攪拌棒絞碎成深綠泥狀。視情況，加入1~2大匙特級初榨橄欖油，使亮綠色的醬汁不是完全滑順，但呈流動感；嚐味道，視狀況添加剩下的½小匙醋或少許鹽，再絞打一下。

將莫札瑞拉起司自浸泡的液體裡取出，瀝乾撕成碎片，在上菜的大盤子上，擺放莫札瑞拉起司小碎花和烘烤冷卻的番茄，澆上羅勒醬汁，你美麗的作品就等著上桌，最好能夠搭配麵包享用。∎

6人份，*若當開胃菜或自助餐點之*
一，可供更多人食用

櫻桃番茄300公克，對切
乾燥奧勒岡（oregano）½小匙
烹調用（regular）橄欖油1大匙
  （1×15毫升）
海鹽和胡椒粉適量
羅勒葉（basil）約20公克
特級初榨橄欖油4~5大匙（4~5×
  15毫升）
優質紅酒醋1~1½小匙
莫札瑞拉起司（mozzarella）2球，
  瀝乾重量各125公克（水牛乳製
  為佳）

這道夠份量的冬季義大利麵食，溫暖卻又優雅，充滿培根的鹹香和栗子的甘美，沾裹上清爽光亮的醬汁，散發出醇美而具麝香葡萄味的馬莎拉酒風情。這不是前菜－當然你要也行－而是輕鬆的主菜（對下廚者和享用者而言）：賓主盡歡，更能展現當季栗子的風味，雖然取自真空包裝。你也可買到袋裝的義式培根（pancetta），不過為了這特殊的節日，我盡量買一整塊的義式培根，自己動手切成大塊：事先切好的培根通常很小－難怪稱為「cubetti培根丁」。

寬麵，栗子和義式培根
PAPPARDELLE WITH CHESTNUTS & PANCETTA

8人份，*視年齡及胃口而定*
雞蛋寬麵（egg pappardelle）
　　500公克
煮麵水所需的鹽，適量
大蒜油2小匙
一整塊義式培根（pancetta）
　　400公克，切成約1公分小丁
奶油50公克，另備一些上菜用，
　　視個人喜好
真空包裝熟栗子200公克
馬莎拉酒（Marsala）100毫升
剪碎的細香蔥（chives）2大匙
　　（2×15毫升）
切碎的新鮮巴西利（parsley）
　　2大匙（2×15毫升）

在大鍋裡注入大量清水，置爐上燒水準備煮麵，當水沸騰時，大方地加入足量的鹽。

同時在中式炒鍋或可直火加熱的燉鍋（flameproof casserole）裡，把大蒜油燒熱，加入義式培根丁，以大火加熱到變成深棕色且酥脆。

依據煮麵所需時間（雞蛋寬麵易熟），適時地把麵加到沸騰的鹽水裡，依照包裝說明烹煮，但在預計煮熟的1分鐘前開始試熟度。

現在繼續面對義式培根鍋，加入奶油，待融化後，加入自真空包裝取出的栗子，用木匙或其他器具壓擠，使每顆栗子碎成4份，攪拌均勻。

倒入馬莎拉酒，使其沸騰，在把麵瀝乾前，用湯杓或量壺取出約1滿杯煮麵水，把半杯（約125毫升，或1小杯葡萄酒的量）倒入義式培根栗子鍋內，攪拌一下，加熱至沸騰且稍微收汁。

將麵瀝乾，加入中式炒鍋或燉鍋的醬汁裡，再加入比一半份量少一點的細香蔥和巴西利，輕柔攪拌但充分混合，使所有材料散佈均勻，清爽醬汁沾裹上粗緞帶麵條。想要的話，再拌入一點煮麵水和奶油。

若不是要整鍋上菜，就先把麵盛入溫過的碗裡，撒上剩下的香草。若是從鍋裡盛取食用，就直接撒上香草端上桌。■

豐盛的全麥義大利麵，球芽甘藍、起司和馬鈴薯
HEARTY WHOLEWHEAT PASTA WITH BRUSSELS SPROUTS, CHEESE & POTATO

一般聽到「球芽甘藍」這四個字，若會像我一樣歡欣鼓舞，還挺不尋常，但這道食譜不僅用了這個被低估的食材，而且還是作為主角閃亮登場。球芽甘藍（Brussels sprouts）有堅果味、新鮮豐美，這道食譜是當季的經典代表。你可能會說，它並不十分義大利呀。我的靈感，可是來自一道正統的瓦爾泰利納（Valtellina）菜色，瓦爾泰利納位於倫巴底（Lombardy）區，往上接近瑞士邊界處。那道菜叫 pizzoccheri，傳統的冬日暖菜雜燴，有自製的蕎麥寬麵、馬鈴薯、縐葉甘藍（Savoy cabbage）和塔雷吉歐（Teleggio）或芳提那起司（fontina），加上鼠尾草、大蒜和帕馬森起司（Parmesan）調味烘烤。你可以買到盒裝的冬日暖菜雜燴 pizzoccheri，裡面是乾燥的短蕎麥麵，但吃起來我覺得太韌，一點也不像在義大利吃到的。所以我想也許做成英式版本較好，結果真的令我十分滿意。這並非是自捧：是對食材，而非廚師，的禮讚（所有的食物都應是如此）。

我知道格魯耶爾（Gruyère）不是英國起司，但它的堅果香能夠搭配球芽甘藍－不要挑快過期的－而且香甜的濃郁感也很迷人。若為了愛國或個人口味因素，儘管選用味道較淡的切達起司（Cheddar）。

請別故作姿態地擔心雙澱粉食物上桌；它能幫助吸收大量酒精，在這狂歡節慶時更令人欣慰。另外，也請記得，原始食譜在中央暖氣還沒發明時就存在了。

8人份主菜，*當成自助餐點之一，可供更多人份*

球芽甘藍（Brussels sprouts）750公克，經修剪和對切

烘烤用粉質馬鈴薯（baking potato）1顆約250公克，去皮切成2~3公分方塊

全麥或斯佩耳特小麥（spelt）筆管麵（penne）或窄管麵（tortiglioni）500公克

煮蔬菜和煮麵水所需的鹽，適量

瑞可達起司（ricotta）100公克

格魯耶爾起司（Gruyère）250公克，切成1公分丁

軟化的無鹽奶油50公克

大蒜油1大匙（1×15毫升）

鼠尾草葉（sage）4片，撕碎

刨碎的帕馬森起司（Parmesan）50公克

約25×36公分烤盤1個，或23×34公分千層麵盅1個

烤箱預熱至200℃／熱度6，同時在大鍋裡裝水煮球芽甘藍、馬鈴薯和義大利麵。

當水沸騰時，大量撒鹽，加入準備好的球芽甘藍、馬鈴薯丁和義大利麵，讓水再度沸騰，續煮8~10分鐘，或直到馬鈴薯變軟，義大利麵彈牙（al dente）。瀝乾前，取出2滿杯煮麵水，置旁備用。

把瀝乾的麵、球芽甘藍和馬鈴薯丁放入烤盤（或千層麵盅），加入瑞可達起司、格魯耶爾起司丁和1杯煮麵水，攪拌均勻。若你覺得義大利麵有點乾，就多加些煮麵水。

在小平底深鍋裡把奶油和大蒜燒熱，當奶油融化且開始嘶嘶作響時，加入鼠尾草，拌炒30秒，再把奶油和香脆鼠尾草舀到（或少量淋在）義大利麵烤盤上。撒上帕馬森起司，在烤箱裡烘烤20分鐘，那時表面會烤成淡金色。我最喜歡靜置15分鐘以上再享用。■

聰明的讀者，會立刻發現我用的並非通心麵（macaroni）而是筆管麵（penne）。不過這道菜名為 Mountain Macaroni，部分原因是我抵擋不住壓頭韻的誘惑，但最主要是，它改寫自一道阿爾卑斯通心麵（Alpen Magrone）食譜（我的是簡化版），收錄在美麗而極具啟發的書《Winter in the Alps》中，作者是出生於瑞士的廚師和作家，曼紐拉達林－葛塞 Manuela Darling-Gansser。

食材我特別選用義式培根（pancetta），因為義式培根會比原食譜所用的多脂培根（speck）較容易取得，也很適合用西班牙山火腿（jamon serrano）代替。同樣道理，若找不到光滑的平面筆管麵（penne lisce），也可用更方便的皺面筆管麵（penne rigate），或者，當然也可用通心麵。

順帶一提，我家小孩最愛的吃法－本書裡他們最愛的料理之一－是把麵事前煮好，置涼後在冰箱擺放一天左右，再取出回復到室溫，然後送進烤箱熱烤。

通心麵山丘
MOUNTAIN MACARONI

6-8 人份

烘烤用馬鈴薯（baking potato）
（2顆）500公克，去皮切成
約4公分小塊
海鹽2小匙或細鹽1小匙，或適量
平面筆管麵（penne lisce）或皺面
筆管麵（penne rigate）500公克
大蒜油2小匙
義式培根塊（pancetta cubes）
350公克
長型紅蔥（echalion or banana
shallot）2顆，去皮切碎
乾燥百里香（thyme）1½小匙
不甜白酒或苦艾酒100毫升
濃縮鮮奶油（double cream）
300毫升
新鮮肉豆蔻（nutmeg）
格魯耶爾起司（Gruyère）
200公克，磨碎

烤箱預熱至220℃／熱度7，若是事前提早製作除外。

在大鍋裡裝水準備煮義大利麵，先加入馬鈴薯塊和鹽。沸騰後，將馬鈴薯滾煮5分鐘，再加入義大利麵。把麵煮得比包裝上說明的時間短些；我的筆管麵需時12分鐘，所以我把計時器設定為10分鐘。義大利麵的彈牙度要比正常食用再稍硬一些。

取一個可進烤箱的鍋子，容量要能容納所有煮好的義大利麵及其他食材，放在爐上加熱大蒜油，加入義式培根塊。

加熱4~5分鐘，不時攪拌，直到脂肪出油，但還不酥脆，加入切碎的長型紅蔥和百里香。

不時攪拌，續加熱長型紅蔥和義式培根4~5分鐘，直到義式培根酥脆、長型紅蔥軟化。這時可熄火置旁備用，等到義大利麵快要煮好。

要瀝乾義大利麵前幾分鐘，把義式培根鍋重新加熱，再度嗤嗤作響時，加入白酒（或苦艾酒），繼續加熱到沸騰並滾煮一會兒。加入鮮奶油和磨細的肉豆蔻粉，攪拌均勻。熄火。

檢查馬鈴薯剛好變軟，且義大利麵仍然彈牙，保留1滿杯煮麵水。瀝乾義大利麵和馬鈴薯，再放回原來的煮麵鍋。

把長型紅蔥與培根的混合物倒在義大利麵上，攪拌均勻，同時加入半杯煮麵水。保留剩下的煮麵水備用；我通常都會用光。此時的醬汁應該很有流動感－烘烤時，義大利麵會吸光所有水分。

現在加入½的起司拌勻，完全混合時，再加入大部分剩下的起司，預留一些待會進烤箱前要撒在表面的份量。

再度攪拌，全部倒入烹煮義式培根和長型紅蔥的鍋子裡（若你是事前製作，可在此階段放涼密封，送入冰箱冷藏可長達兩天，烹煮前取出回復到室溫）。

撒上最後剩下的起司，直接送入預熱過的烤箱20分鐘，或直到表面烤成淡金色。（送入烤箱前的義大利麵若是冷的－冬天的室溫非冷藏溫度－可能要烤上30分鐘，檢查一下是否徹底滾燙。）烤好後，自烤箱取出靜置10分鐘左右再上菜，若你等得了 ... ■

有朋友過來喝一杯時，聰明的你應確保，深夜的家裡仍備有幫助消化多餘酒精的食物。我不介意打電話叫外送披薩，但我更喜愛這肥膩的五花肉，切片後，用熟悉的南義調味（茴香籽和辣椒），小火慢烤。

真的，你只需要把這些肉片送進烤箱就好。烤熟後，濾掉大部分的油脂，搭配麵包塊，想配蔬菜的話，少許切成薄片的新鮮茴香（fennel）即可。

就我所知，你得去肉販那裡，請他將五花肉切片，並在豬皮上切劃紋路，不要去骨。隨你依數量或重量購買；無論怎麼切，每片的大小像玩樂透一樣說不準，因為每隻豬的大小不同。

豬五花，辣椒和茴香籽
PORK BELLY SLICES WITH CHILLI & FENNEL SEEDS

6-8人份（可切成12片）
大蒜油60毫升
茴香籽（fennel seeds）2大匙
　　（2×15毫升）
乾辣椒片2小匙
海鹽1大匙（1×15毫升）或細鹽½大
　　匙，或適量
五花肉（pork belly slices）12片，
　　共約2.25公斤

烤箱預熱至170℃／熱度3。

把大蒜油、茴香籽、乾辣椒片和鹽放入夠寬的淺盤裡，拌勻。

將豬五花片兩面都抹上混合料，放入烤盤（roasting tin），帶皮的部分朝上，將豬肉片緊貼略為疊放，如傾倒的骨牌。若烤盤夠大，可放成2排，即使角度有點傾斜。我喜歡這樣放，而非使用2個烤盤。

烘烤豬五花片2小時，烤到中途時，把烤盤轉向（豬肉片不動）。若尚未完全酥脆，再續烤30分鐘。

小心地把豬五花片自烤盤取出：我用料理夾，並加倍的小心；烘烤後的豬五花可能會融出許多油脂，面對熱烤盤，務必小心。

豬五花片擺放妥當後－用上菜的大盤子或木砧板都可－上桌，吸一口這溫暖醉人的芳香，大口享用。■

火雞胸肉填義大利香腸和馬莎拉酒浸蔓越莓
TURKEY BREAST STUFFED WITH ITALIAN SAUSAGE & MARSALA-STEEPED CRANBERRIES

像比斯科提脆餅（biscotti）**第238頁**，這道食譜毫無疑問地帶有美式義大利的風格，再一次，我張開雙臂歡迎它。實際上，美義式菜色已影響了其祖國烹飪文化：我的義大利出版商和知名的美食作者－阿莎芭達拉佐札Csaba dalla Zorza告訴我，現在的義大利，已經很容易買到蔓越莓乾（dried cranberries）。

真正正統的義大利聖誕晚餐，主角是閹雞（capon）。的確，英國也買得到閹雞，雖然不是很多人可以接受，食用去勢的公雞。事實上，傳統的去勢法在英國是非法的，因此基於人道考量，公雞是以化學方法去勢而非手術閹割。我不知道你覺得如何，但食用著因此目的而充斥著大量賀爾蒙的肉品，令我心驚肉跳。

此外，我的聖誕晚餐就是「我的」聖誕晚餐：這是一種固定的儀式，反映了我自身的一部分。入境隨俗是沒錯，但若是我在家裡主廚，我不會去更動多次驗證成功的菜單。我不在此傳福音推銷我的火雞鹽醃技術，因為之前已做過許多次了，但我仍然願意嘗試其他享用這大鳥的方式，此食譜即為一例。對我來說，它適用於任何節日的晚餐宴會，但當作自助餐點尤為美妙，精美分切後擺在桌上，冷嚐跟熱食一樣美味（甚至更好），因此可事先做好，當晚作一個全世界最從容自在的主人。

你必須去肉販那裡買整塊胸肉（whole breast joint），請他做蝴蝶切（butterflied）和去骨，皮要留在肉上。

我知道聽起來可能有點小題大作，但請相信我，雖說在超市比較好找到半副胸肉（single breast joint），但幫一整塊胸肉（double breast joint）填餡比填半塊再捲容易許多。基本上，你所要做的就只是打開你的去骨火雞肉，塞滿餡料然後封住即可。做法簡單，而成果將成為最引人注目的焦點。

12人份，*或當自助餐點之一，可供更多人食用* Ⓝ

填餡：

蔓越莓乾（dried cranberries）
　100公克

馬莎拉酒（Marsala）100毫升

橄欖油2大匙（2×15毫升）

長型紅蔥（echalion or banana
　shallot）2顆，去皮切碎

丁香粉（cloves）¼小匙

多香果粉（allspice）* ½小匙

切碎的新鮮鼠尾草（sage）2小匙

義大利香腸（Italian sausage）
　1公斤

蛋2顆，打散

刨碎的帕馬森起司（Parmesan）
　約50公克

麵包粉（breadcrumbs）約60公克

烤火雞肉：

火雞全胸肉（double breast
　turkey joint）5公斤，去骨且經
　蝴蝶切，不去皮

鴨油或鵝油（duck or goose fat）
　4大匙（4×15毫升）

在小平底深鍋裡把蔓越莓和馬莎拉酒煮開，離火，置旁備用。

將油倒入大型煎鍋或類似的底部厚實平底鍋，拌炒長型紅蔥1分鐘左右，加入香料和撕碎的鼠尾草，和長型紅蔥拌勻。

把香腸肉自腸衣擠出，加入鍋裡弄碎（用木匙或刮刀較方便），在鍋裡翻炒直到粉紅生肉色消失。約需5分鐘。

大煎鍋離火，將內容物倒入大碗裡，加入浸漬過的蔓越莓及上面沾附的馬莎拉酒，充分混合，置涼。操作至此，可用保鮮膜封住，放入冰箱可冷藏保存2天。

準備要填火雞餡時，將香腸肉碗自冰箱取出。

烤箱預熱至200℃／熱度6。

去除碗上的保鮮膜，加入蛋、帕馬森起司和麵包粉，混合均勻（我用雙手操作）。

將蝴蝶切的火雞肉放在面前。看起來真的像蝴蝶，不過是豐滿型的。首先把餡料塗抹到蝴蝶中心的凹洞裡，然後往翅膀延伸，儘可能地塗滿肉面且抹平，但不要碰到邊緣（否則烘烤時會溢出）。

小心翼翼，迅速平穩地把其中一個「翅膀」往另一個捲過去，合起整塊肉，把整個火雞肉放在大型烤盤上，胸骨部位（或說胸骨曾經所在處）朝上，尾部尖端處離你較遠，看起來彷彿是一隻全雞。用2支金屬籤（skewer）穿過底部，（即離你較近的寬厚部位），將開口封起，然後均勻抹上鴨油或鵝油。

烘烤火雞胸肉2~2½小時，用火雞或肉叉溫度計檢查熟度。煮熟時，中心點是75℃。（若依照指示，讓肉靜置休息或冷卻，應在73℃時即自烤箱取出，在烤箱外，內部保留的餘溫仍會持續加熱一小段時間。）

運動你的肌肉，將烤盤抬到切肉板上，靜置休息至少20分鐘。若要當作事先準備好的自助餐點之一，則可放到冷卻。

把整塊烤肉由上往下切成厚片：肉片必須夠厚，至少1公分或2公分，才可箝住餡料。

放到餐桌或自助餐檯上時，在四周擺上你選好的調味醬：我放上了一兩碗奢華味美的義大利芥末克雷莫納（mostarda di Cremona），以符合義大利聖誕節精神：這是一種甜辣的芥末味糖漬水果，帶有閃亮的節慶光澤，可品嘗出愉悅氣氛。■

*多香果（allspice）是種漿果類香料，哥倫布航行到加勒比海列島時發現，具胡椒、丁香、肉桂、肉豆蔻等綜合香味，辛嗆味突出，故稱多香果，別稱牙買加胡椒（Jamaica pepper）。

這是我最基本的食譜，但我仍覺得應該可以收錄在這裡。烤馬鈴薯總帶來喜慶感，但常常有點麻煩；這裡的食譜省事許多，因為我不去皮，也不需在烘烤時翻拌。事實上，這樣也比較好，因為馬鈴薯的底部可以烤得更酥脆，取出時不易沾黏。

我的烤盤很大，可裝下所有的馬鈴薯，但分用兩個烤盤也行；烘烤時間要再增加15~30分鐘，烤到中途時，烤盤的位置調換一下。這樣的話，馬鈴薯也可增量到2公斤。

上菜時，我喜歡在大盤子上，襯上我最喜愛的萵苣，菊苣（escarole），馬鈴薯和沙拉簡單又方便的一起上桌。

義大利烤馬鈴薯
ITALIAN ROAST POTATOES

烤箱預熱至220℃／熱度7。

馬鈴薯連皮切成2~3公分塊狀，均勻擺放在大型淺烤盤（roasting tin）或有邊烤盤（lipped baking sheet）上。

將大蒜掰開成瓣，不去皮但丟棄外層鬆脫的皮膜。將蒜瓣穿插擺放在馬鈴薯塊之間。

撒上切碎的迷迭香、澆上橄欖油，將烤盤裡的食材充分混合，均勻沾裹上迷迭香和橄欖油。

送入烤箱烘烤1小時，馬鈴薯表皮應呈金黃色，內部熟軟。使用順手的器具，從烤盤上夾起或刮下馬鈴薯塊，放在數個襯著沙拉葉的盤子或溫過的上菜大盤子上，撒上適量海鹽，上桌享用。■

8人份，搭配萵苣時可供10人份
口感扎實的蠟質馬鈴薯，如迪吉西（Desiree）或馬里斯派柏（Maris Piper）品種 1.75公斤
大蒜 2顆
切碎的新鮮迷迭香針葉（rosemary needles）2小匙
橄欖油 150毫升
菊苣（escarole lettuce）1顆，上菜用（可省略）
海鹽適量

在我的腦海裡（還有家裡），這道食譜叫做樅樹花椰菜（Fir-Tree Romanesco）。「樅樹」的綽號，的確和當季時令的幻想有關：去年聖誕，我剛好看到美麗的羅馬花椰菜（romanesco）擺設，我覺得分成小株後，這些亮綠色的搶眼蔬菜就像迷你的小樅樹。事實上，如同**第195頁**的靜物照所示，看起來更像電影《阿凡達》裡卡通化的科幻風景。井然有序的迴圈和漩渦排列，讓人感覺這是一種經基因改造的尖端品種蔬菜，事實上，羅馬花椰菜比青花菜和花椰菜（兩者和它都有親屬關係）出現的時期還早，十六世紀的義大利便已常見。我都用崇高的義大利名romanesco來叫它（蔬果販老闆也是），但我也聽過有人叫它caulibroc 或 broccoflower。

我最喜愛以室溫狀態，來享用帶著堅果味的美味羅馬花椰菜（忙於節慶大餐時，更加省事），但熱食時依然美味。我知道，不是每個人都像我一樣狂熱於室溫口感的蔬菜（居住義大利時養成的特殊口味）。

羅馬花椰菜，迷迭香、大蒜、檸檬和佩戈里諾起司
ROMANESCO WITH ROSEMARY, GARLIC, LEMON & PECORINO

4-6人份，*當作自助餐點時，可供更多人食用*
羅馬花椰菜（Romanesco）1顆
海鹽或細鹽適量
特級初榨橄欖油60毫升
切碎的新鮮迷迭香針葉
　（rosemary）1大匙（1×15毫升）
大蒜1瓣，去皮
未上蠟的磨碎檸檬皮和果汁1顆
刨碎的佩戈里諾（pecorino）或帕
　馬森起司（Parmesan）2~3大匙
　（2~3×15毫升）

在大鍋裡裝水煮沸。

切下花椰菜頂部（樅樹部分），及剩下花朵（florets）中較大的，水開時，加入適量的鹽，丟入（輕輕地）頂部大的羅馬花朵煮2分鐘。

現在加入其他較大的花朵，續煮2分鐘。同時將羅馬花椰菜剩下的小花朵都切下後，加入鍋裡，再度煮沸。讓整鍋再滾煮3~5分鐘，使全部的花朵軟化但仍帶點脆度，瀝乾後，輕輕放入上菜的淺碗內。

在很小的平底深鍋裡，把橄欖油燒熱，加入切碎的迷迭香針葉，爆香幾秒鐘。刨入大蒜（或切碎後加入）攪拌一下，熄火。

加入磨碎的檸檬皮，將整個鍋子離火，稍微冷卻，再拌入檸檬汁和適量的鹽（別忘了稍後會加入鹹味起司），倒在羅馬花椰菜上。輕輕拌勻，等到溫度冷卻到可用手觸摸時，將羅馬花椰菜的小花朵朝上擺正，使其看起來像是一整碗的小樅樹（量力而為！）。

刨上佩戈里諾（或帕馬森起司）「雪花」後上菜－不過我最喜歡等到靜置久一點後在室溫狀態（約30~60分鐘）再享用。

文藝復興沙拉
RENAISSANCE SALAD

在舊式仕女雜誌上，作者常會建議讀者創造出個人專屬的招牌油醋醬（signature vinaigrette），來吸引賓客，建立女主人的光榮聲譽。這些我都不感興趣，不過雖然我沒有所謂的招牌沙拉調味汁，我可的確有道招牌沙拉，就是這一道。

還真不知道該怎麼寫出食譜來，我就是把所有的材料，以一種故意馬虎的方式丟在一起。當然還是必須解釋一下。我將它稱為我的「文藝復興沙拉」，有時又稱為我的「紅色文藝復興沙拉」，因為特雷維索紅菊苣和晚期紅菊苣的深石榴色調及象牙白葉脈，和烏菲茲美術館（Uffizi）裡畫作輝煌的顏色有些相似；不過，我其實應稱它為「後文藝復興沙拉」，因為這閃耀的深紅色，更使我聯想起在羅馬看到的卡拉瓦喬（Caravaggio）畫作。不過，我必須告訴你，這些美麗的萵苣，其實來自威尼斯附近。

我也應該說一聲，若你買不到略帶苦味的特雷維索紅菊苣，或甜一點的晚期紅菊苣，就用較易取得的圓朵紅菊苣代替。有時，我也會加上一些紅吉康菜（red chicory）的微紅長葉片。

Radicchio、Treviso 和 Tardivo 是這些紅萵苣在英國蔬果鋪的名稱。在義大利，它們叫做（左頁由上往下）基奧賈紅菊苣（radicchio di Chioggia）、初冬特雷維索紅菊苣（radicchio precoce di Treviso）和晚期特雷維索紅菊苣（radicchio tardivo di Treviso）。近年來，在節令交替的短暫時間內，可同時見到早（precoce）、晚（tardivo）兩種特雷維索紅菊苣。

我會用一個很龐大的上菜盤（直徑約40公分）端上桌，也就是說所有的紅葉可單層擺放，周圍襯出盤緣，再撒上小葉片和石榴籽，喜歡的話，你也可將所有材料充分混合，用一個普通的沙拉碗上菜。

把特雷維索紅菊苣撕成不規則片狀，把晚期紅菊苣自莖梗拉下撕碎，撒到上菜的大盤子上。圓朵紅菊苣的葉片可留全，或像特雷維索紅菊苣般撕成片。

撒鹽，以鋸齒狀澆淋橄欖油和醋，撒上石榴籽。這樣就完成了。美不勝收。∎

8-10 人份

特雷維索紅菊苣（Treviso radicchio）、晚期紅菊苣（tardivo）和圓朵紅菊苣（round radicchio）各1顆，或3顆圓朵紅菊苣

海鹽1小撮或細鹽½小匙，或適量

特級初榨橄欖油2大匙（2×15毫升）

巴薩米克醋（balsamic vinegar）2小匙

石榴籽75公克

無花果和橄欖果菜酸甜醬
FIG & OLIVE CHUTNEY

在我廚房的筆記本裡，這道食譜底下潦草地寫著：古義大利風味，英國食譜；就點出了它的特色。

我拜訪義大利友人時，常會送上親製的果菜酸甜醬（chutney），我以這傳統美食為傲，知道英式果菜酸甜醬可和義大利起司相互輝映。義大利人自己，也喜歡加上一兩種本國調味醬（condiment）。不過，我樂於結合這兩種不同的文化系統－這款無花果和橄欖的酸甜醬，還真是天作之合。

我給的份量不大，這款果菜酸甜醬並不適合久存，所以我不會一次做很多。此外，因為作法簡易快速，根本不需要老一派所說的「保存手續 putting down」，像以前在廚房製作久藏醃漬品一樣，也不用消毒玻璃罐（除非你想做可久藏的版本，見下方說明）。

我的櫥櫃裡，一定要有幾罐乾燥包裝的去核黑橄欖；不容易買，因此若是正巧遇到，記得大肆搜刮。沒有的話，就用300公克的帶籽黑橄欖（保存在橄欖油裡的），再自行去核。請千萬不要用泡在鹽水裡的罐頭去核橄欖，風味會欠缺深度，質感也不對。

若想要使這款果菜酸甜醬保存得久一點，到3個月左右（必須要將玻璃罐消毒，見筆記**第267頁**），將絞碎的果菜酸甜醬放回平底深鍋內，以中火加熱沸騰；邊緣會開始冒泡，有些微蒸氣冒出。放入消毒過的熱玻璃罐裡，密封，置涼，然後存放在陰涼處。我通常不喜歡這額外的麻煩，所以直接警告收到我的果菜酸甜醬當禮物的朋友，要放入冰箱保存，一個月內食用完畢；他們一點都不覺得有甚麼問題。你也不會。

以下的份量，可裝入3個250毫升的玻璃罐裡，或6個小一點的也行。

可製作約750公克 N

柔軟的無花果乾 325公克，
　　剪成對半
乾燥包裝去核黑橄欖2罐，每罐
　　110公克
深色黑砂糖（dark muscovado
　　sugar）100公克
茴香籽（fennel seeds）1小匙
肉桂粉1小匙
丁香粉（cloves）1小撮
馬莎拉酒（Marsala）60毫升
紅酒醋150毫升
清水100毫升

耐酸性的密封罐，容量250毫升的
　　3個，或容量125毫升的6個

把所有材料放入小型（直徑約17~18公分）、附鍋蓋、底部厚實的平底深鍋內，加熱到沸騰後，蓋緊鍋蓋，把火轉小，煨煮（simmer）15分鐘。

離火、打開鍋蓋，置涼約5分鐘，然後倒入食物調理機，強力絞碎；需時不長。

把果菜酸甜醬舀入乾淨熱過的罐子，用蓋子封好，冷卻3小時，然後放入冰箱保存。■

每次我去義大利時，都會帶回好幾袋玻璃紙裝的綜合香草，放在家裡的食物櫃裡，可將簡單的義大利麵，迅速轉變成充滿義大利芳香的晚餐。這裡頭包含乾燥巴西利（parsley）、乾辣椒片、粗粒蒜粉和鹽，有的還加入奧勒岡（oregano）和乾燥番茄碎片。我選擇使用比較簡單的版本，因為它的用途更廣。

我把這道食譜（不如說更像一種範本）歸在這章的原因是，我發現這種小玻璃罐可當作迷人的禮物。我在罐外貼上標籤、寫上使用方法，也就是每100公克的直麵（煮前重量），應使用2小匙的香料，麵瀝乾後，將香料和1大匙的橄欖油，加入還是熱燙的煮麵鍋裡，再將麵放回去攪拌，同時加入30~60毫升煮麵的澱粉水。

以下我標示了精準的重量，希望有所助益，但基本上你必須思考比例（以重量而非容量），1份乾燥的巴西利和大蒜，要配上2份的辣椒片和3份的海鹽。我知道聽起來辣椒似乎過多，但請記得辣椒片的重量，比乾燥巴西利大，因此即使用了2倍重量的辣椒，巴西利的份量（容量）還是較大。

理所當然，你必須盡可能使用最上等的優質乾燥香草。

義大利麵香料
SPAGHETTI SPICE

在碗裡混合所有食材，均勻混合到你滿意的狀態時，放入準備好的容器內密封，若覺必要，可貼上使用說明。∎

可裝滿4罐的110毫升密封罐 Ⓝ
乾燥巴西利（parsley）15公克
乾燥大蒜粉（garlic granules）
　15公克
乾辣椒片30公克
海鹽45公克

密封罐 4罐 ×110毫升

雖然我很想將它稱為義大利吐司，而非粗魯的「潘妮朵妮法式吐司」，後者的名稱，的確較能表達出它的實質面貌。當然你可以用較樸素的黃金麵包（pandoro）來代替，不過你應該要知道，如果你已經做了，或正打算要做**第250頁**的「義大利聖誕布丁蛋糕」，以下所標出的潘妮朵妮麵包（panettone）份量，剛好就是你用了1公斤的麵包後，所剩下的份量。此外，潘妮朵妮裡鑲嵌的辛香水果，使這道法式吐司感覺像完美的節慶早餐。不喜歡乾燥或糖漬水果者，當然就應選用黃金麵包。

不管用哪一款麵包，不必真的秤重：我切成4片後再對切，所以共有8片吐司。如果需要，而且家裡有許多剩餘的水果，則可輕易地增量成8人份早餐。尤其是有人特別要求（我遇到過），上頭要添加一些煎得酥脆的義式培根（rashers of pancetta）薄片。我自己則只想撒上一點芳香酸甜帶節慶感的石榴籽。

若你像我一樣，每面只煎1分鐘，裡面的蛋汁仍會帶點液體感，所以也許會有些食客會希望能再煎熟一點（請閱讀讀者須知**第 xiii 頁**關於蛋的項目）。

潘妮朵妮法式吐司
PANETTONE FRENCH TOAST

在可裝盛半量潘妮朵妮麵包片的容器裡（我使用24公分正方形玻璃容器），把蛋、馬斯卡邦起司和牛奶拌勻；把馬斯卡邦起司攪勻得要有耐心，並非每個人都看得出來，不過我急躁的個性會影響我的判斷力。

在蛋糊裡浸入4片潘妮朵妮麵包，泡1分鐘。

在大型煎鍋裡放入25公克奶油和½小匙蔬菜油，以小火燒熱融化。把蛋糕裡的潘妮朵妮麵包片翻面，再泡1分鐘，那時麵包應該浸泡得夠久而軟化，且奶油已在鍋裡融化。

把火轉大，將浸泡過的麵包片放入煎鍋，每面煎1分鐘，如此一來，沾附蛋汁的表面呈金黃色，某些部分變棕色。同時，在蛋糊裡浸泡剩下的4片麵包，每面各泡1分鐘。

把第一批的潘妮朵妮法式吐司，自鍋裡移到大盤子上，在鍋裡加入剩下的蔬菜油和奶油，如第一批般的操作方式來煎第二批。

當所有的麵包片都煎好，放在盤子上後，撒上石榴籽，然後用濾茶網篩上厚厚的糖粉，讓大部分的「細雪」，停駐在金澄閃耀的甜麵包片而非水果上。■

4-6人份
蛋4顆
馬斯卡邦起司（mascarpone）
　2大匙（2×15毫升）
牛奶125毫升
隔夜（slightly staled）的潘妮朵妮
　麵包（panettone），或黃金麵包
　（pandoro）300公克，平均切成
　8片
無鹽奶油50公克
沒有特殊氣味的蔬菜油1小匙

上菜：
石榴籽約50公克
糖粉（icing sugar）1小匙

我很願意承認，因為添加了蔓越莓乾，這不算傳統的義大利食譜，而是美國義裔（Italo-American）文化的影響，但這也不是壞事：義裔美人為傳統的義大利料理，帶來了許多新的活力和創意。無論如何，義大利美食的故事，擺脫不了義大利海外僑民的歷史及習俗。

比斯科提（biscotti）－名稱來自於「烤熟cotti」「兩次bis」－並不難做，但不會很快。然而，用烤箱來進行兩次烘烤時，你甚麼事也不用做，這種料理通常頗有療癒鎮定效果。

以下的食譜遵照傳統，帶來耀眼的金黃餅乾，可華麗地包裝起來，或放在玻璃瓶裡當作聖誕禮物。

我雖然喜歡把它當作禮物送給別人（這樣的話，一次多烤好幾批會比較省事），但肯定會留一些個人私藏。就像我熱情擁抱食譜裡的美式風情，享用時，也喜愛在餐桌上添加一點英式格調。義大利人會用比斯科提脆餅，來蘸取香甜餐後酒，vin santo；而我的蔓越莓比斯科提，則是搭配一杯色彩協調的紅寶石波特酒（ruby port）。

蔓越莓和開心果比斯科提脆餅
CRANBERRY & PISTACHIO BISCOTTI

可製作15片，*不包括兩端的小片* Ⓝ
蛋1顆
細砂糖（caster sugar）75公克
磨碎的柳橙皮（finely grated
　　orange zest）2小匙
中筋麵粉（plain flour）125公克，
　　另備少許當手粉用
泡打粉 ½ 小匙
新鮮肉豆蔻粉（nutmeg）
開心果75公克
蔓越莓乾50公克

烤箱預熱至180℃／熱度4。

將蛋和糖一起攪拌，直到顏色變淡且質地蓬鬆：提起打蛋器時，會在混合糊表面形成緞帶痕跡。拌入磨碎的柳橙皮，然後緩慢地拌入（fold in）麵粉、泡打粉和磨細的肉豆蔻粉。

拌入整顆的開心果和蔓越莓乾，在工作檯表面撒上麵粉，因為麵團易沾黏，最好也在雙手上沾點麵粉。將麵團塑型成平坦橢圓的喬巴達麵包形狀，約25×5公分，兩端略呈細錐狀。

將比斯科提脆餅麵團，放在襯了烘焙紙的烤盤（baking sheet）上，烘烤25~30分鐘，或直到呈淡棕色。因底部上色較快，烤到一半時，可將烤盤轉向；避免烤好時，某一端的底部變焦。

移到網架上靜置5分鐘，使其稍微變硬，然後用麵包刀或類似的鋸齒刀，把烤好的餅乾，橫向斜切成1公分厚的手指餅乾狀。

把切好的餅乾放回襯著烘焙紙的烤盤上，再烤10分鐘，翻面後續烤5分鐘。將金黃色的比斯科提脆餅放在網架上冷卻，再放入密封罐保存。■

在義大利，聖誕節絕對少不了堅果合仁糖（torrone），這是由蛋白、蜂蜜、烤堅果，通常還有柑橘花做成的厚塊餅乾，帶有和牙醫作對的嚼勁，法文即是我們所熟知的牛軋糖（nougat）。我曾考慮親手做一些，真的，但我的結論是它牽涉到太多精準的熱度測量，及某種程度的耐心試煉，這是我一年到頭，尤其是在聖誕節，絕對無法勝任的。（我必須說，大部分的義大利人也是購買現成的杏仁糖，而不是自己做，可沒有侮辱他們的意思。）希望有一天，我能克服內在的焦慮，成為一個淡定－必須如此－而有活力的堅果杏仁糖製造者，但在那之前，我想要讓市售的牛軋糖，也能轉變成我的節慶美食。這就是我現在呈上的食譜。

在我覺得可以公開之前，曾讓一些義大利人品嚐過（是小本取樣沒錯，但並非毫不相干的人），他們熱情的回應令我滿意並寬心不少。替悠久的傳統，做一點變化，總是有點風險。但義大利人，如我在本書裡提過，現在正熱情擁抱英美烘焙傳統，樂於和杯子蛋糕（cupcakes）、曲奇甜餅（cookies）一同起舞，所以這食譜可說是適時的結合了這些不同的料理習俗。事實上，當初就是一位義大利朋友（雖然她已住在倫敦超過10年），首先給我這個主意的。

若你為那些不能，或不喜歡吃堅果的人（就是我家的小孩）料理，那你得放棄義大利元素，改用170公克包裝的白巧克力片（chips）。我女兒就特別喜歡這種版本，堅持從此以後都要當成她的生日（靠近聖誕節）慶祝餐點之一。使用巧克力片製作時，我覺得應趁熱品嚐；若用牛軋糖，最好是冷食，因為冷卻的餅乾質地扎實，和仍然有嚼勁的堅果杏仁餅碎塊，能形成最佳的對比。剛開始，要將牛軋糖（若你納為食材的話），切成所需的1~2公分塊狀時，最好使用厚重的刀子，在刀刃處噴上烘焙用防沾噴霧油，或不時蘸一下冷水。

巧克力牛軋餅乾
CHOCOLATE NOUGAT COOKIES

可製作 25 個 Ⓝ
軟化的無鹽奶油125公克
細砂糖（caster sugar）100公克
淡色紅糖（soft light brown
　sugar）75公克
蛋1顆
中筋麵粉（plain flour）200公克
優質可可粉30公克，過篩
小蘇打粉（bicarbonate of soda）
　½小匙

▶

烤箱預熱至180℃／熱度4，在烤盤上鋪上烘焙紙。

將軟化的奶油，和白、紅兩種糖，一起攪拌至質地滑順，加入蛋，快速攪打到充分混合。

另取一碗，把麵粉、可可粉、小蘇打粉、鹽和咖啡粉混合均勻。分兩次，緩慢地將乾料加入濕料中，要加第二次時，先將牛軋糖碎片和乾料混勻。充分混合，但不要攪拌過度，否則混合物會變得太黏稠。

用塗抹過蔬菜油的量匙，舀出1匙的餅乾糊，抹平量匙表面，然後把圓頂型的餅乾麵團，輕輕地放在可放入冰箱的托盤（tray）上。重複此動作，直到麵團用盡。讓這些餅乾小丘在冰箱冷

藏30分鐘。這並非絕對必要，但可讓餅乾內層有嚼勁；若喜歡餅乾完全酥脆，就直接放入烤箱。在這個階段，你也可以送入冷凍（見筆記**第267頁**）。

準備烘烤餅乾時，溫柔地移到襯著烘焙紙的烤盤上，每片間隔4公分。在烤箱裡烘烤12~15分鐘，然後小心地將餅乾放到網架上冷卻－表面已定型，但內層仍柔軟。冷卻後，用極細濾網過篩1小匙糖粉來裝飾餅乾，就可驕傲地擺放在蛋糕架或平盤裡上桌。■

海鹽¼小匙或細鹽1小撮，或適量
濃縮咖啡粉（espresso powder）
　2½小匙
牛軋糖（nougat）200公克，切成
　1~2公分碎片
沒有特殊氣味的蔬菜油，塗抹湯匙用
糖粉（icing sugar）1小匙，篩在餅
　乾上

一大匙量匙（rounded
　tablesppon measure）1支
烤盤（baking sheet）1個

我在義大利看過許多版本的巧克力薩拉米，我的結論是，這就是義大利版的英國巧克力凍蛋糕（chocolate refrigerator cake）呀。雖然我通常不特別熱衷玩弄食物雙關語（pun），但聖誕節似乎是一年裡玩這種古靈精怪遊戲的絕佳時機。而且我承認，巧克力薩拉米的確有些魅力，尤其是撒上糖粉，用繩子綁得跟一般薩拉米相同模樣時。（這點我要感謝傑克伯甘迺迪 Jacob Kenedy 在《食之書 Bocca Cookbook》裡，介紹如何幫茴香豬肉臘腸（finocchiona）綁繩子。）若我能綁得起來，你也可以，事實上，你喜歡的話，也可直接在沒有綁繩子的薩拉米上撒糖粉，再漂亮地擺放在木板上。（請閱讀讀者須知**第 xiii 頁**關於蛋的項目。）

巧克力薩拉米
CHOCOLATE SALAME

用微波爐（依照操作說明），或將耐熱碗放在裝了微沸熱水的平底深鍋上方隔水加熱（切記不要讓碗底碰到熱水），將巧克力融化至質地滑順。融化巧克力期間，把餅乾放進大型冷凍袋裡，封緊，用擀麵棍敲碎，不要過度到細粉狀。巧克力融化後，移到陰涼處（不是冰箱），冷卻備用。

把奶油和糖打成糊狀：我用直立式攪拌機，但你無須照做。你僅需要一個大碗，確定混合糊柔軟輕盈。

一次一顆，依序將蛋打入攪拌。（在此步驟，不用擔心混合糊有點結塊；待會加入巧克力後，一切問題都會迎刃而解。）加入杏仁酒攪拌。

透過小濾網或茶濾網，把可可粉篩入冷卻的巧克力中，用小矽膠刮刀攪拌均勻，然後倒入蛋糊裡攪拌。

當面前的巧克力糊變得滑順細緻時，加入切碎的堅果和餅乾屑。以堅定但有耐心的手勢，充分拌入（fold in），直到所有碎塊都裹滿巧克力。將這碗混合糊移到冰箱，稍微冷卻定型，約20~30分鐘。不要更久，否則不易自碗裡取出塑型。

撕下 2 大張保鮮膜，交疊平鋪，如此你便有一大塊被保鮮膜覆蓋的工作平台來揉巧克力薩拉米。把巧克力糊擺在中央，（用雙手，雖然很沾黏）塑型成如肥厚薩拉米般的圓木形，長度約為 30 公分。

用保鮮膜把巧克力圓木完全覆蓋，然後當做擀麵棍般，將這粗糙的圓木用力推滾成平滑的圓柱型。將兩端的保鮮膜抓起並扭轉，將這香腸般的圓木塊朝自己的方向，推滾幾次。然後放入冰箱冷藏定型至少 6 小時（隔夜為佳）。

可製作約 20 個厚片 Ⓝ
優質黑巧克力（含 70% 以上可可成分）250 公克，略微切碎
義大利杏仁餅（amaretti biscuits）酥脆，而非鬆軟型（morbidi），或下午茶厚餅乾（rich tea biscuits）250 公克
軟化的無鹽奶油 100 公克
細砂糖 150 公克
大型蛋 3 顆
杏仁酒（amaretto liqueur）2 大匙（2×15 毫升）
無糖可可粉 2 大匙（2×15 毫升）
未去皮原粒杏仁 75 公克，略切
榛果（hazelnuts）75 公克，略切
開心果 50 公克，略切
糖粉（icing sugar）2~3 大匙（2~3×15 毫升），裝飾用

定型後，就是刺激的一步：撕下1大張防油紙，平舖在乾淨的工作檯上。自冰箱取出薩拉米，擺在紙上。量取薩拉米長度6倍以上的繩子，將其中一端，緊緊地在薩拉米一端的保鮮膜扭結上打一個結。然後盡可能地將保鮮膜剪下，但不要剪到兩端扭轉處，以便繩子能纏繞在上面。

在雙手蘸點糖粉，將2大匙的糖粉（視需求增量），擦抹在沒有被保鮮膜覆蓋的薩拉米表面上，避免在綑綁時沾黏，也可看起來更像薩拉米。

用繩子做一個比薩拉米寬一點的迴圈，從接近繩結那一端，套住薩拉米。拉扯繩子尾端把薩拉米綁緊（但不要過緊），再做出一個相同的迴圈。在離第一個迴圈約4公分的地方，將第二個迴圈套住薩拉米，拉緊，重複相同的動作，直到薩拉米的另一端，將繩子緊緊地在保鮮膜扭結上打一個結。

使用剩下的繩子沿著薩拉米往回綁，每經一個迴圈即纏繞圍裹的繩子，到達底端再度綁緊。盡可能地重複這些動作，製造出唯妙唯肖的外形，兩到三次就可達到效果。

移到木頭砧板上，切下幾片，像真正的薩拉米般攤開，留一把刀子在木板上，方便大家自行切下享用。顯然地，切下薩拉米時，也會切斷繩子，但這麼多繩結綑綁肯定不會鬆散。以冷藏或接近冰涼的溫度享用。■

在一年的這個時節，隨處可見各式濃郁的甜食糕點，加了水果的、經過點綴的、帶節慶感的（也不是壞事），因此我反而更被這款外表平淡，看似普通的蛋糕所吸引。這不是那種高聳壯觀的美麗蛋糕，而是謙遜矜持的淺薄蛋糕；這是外觀上給人的印象。嚐起來，溼潤而入口即化，帶有杏仁霜（marzipan）的濃郁芳香，這也難怪，因為它就是用杏仁粉做成的。所以，雖然它是一款平凡簡單的蛋糕，卻含有獨特的內斂濃郁滋味：一小片透著肉桂香的蛋糕，就令人心滿意足。

雖然撒上小柑橘（或柳橙）果皮和肉桂粉，創造出聖誕氣氛，上頭篩飾的糖粉也模擬出冬季雪花，我仍會在一年的其他時刻製作這款蛋糕，夏日時搭上新鮮酸甜的覆盆子，更是美味無比。還有另一個優點，無需特別事先要求訂做，一年四季都適用，它不含麩質及乳製品。

製作蛋糕時的橄欖油，我通常使用一般烹調用（regular），而非特級初榨，而這款蛋糕只用蛋白，而不是風味飽滿的蛋黃，因此我覺得最好用標示有「mild and light」的清爽型橄欖油。另外，我使用放養（free-range）並經殺菌法處理過（pasteurized）的盒裝蛋白，避免事後和冰箱裡剩下的8顆蛋黃大眼瞪小眼。

杏仁肉桂蛋糕
CINNAMON ALMOND CAKE

可切成 8-12 片 Ⓝ
蛋白 8 個
細砂糖 150 公克
杏仁精（almond essence）數滴
磨碎的小柑橘皮（clementine zest）1 顆，或柳橙皮 ½ 顆
溫和清爽的橄欖油（mild and light olive oil）125 毫升，另備一些塗抹蛋糕模用
杏仁粉 150 公克
泡打粉 1 小匙
杏仁片 100 公克
肉桂粉 1 小匙
糖粉（icing sugar）約 2 小匙，裝飾用

直徑 22 或 23 公分活動式蛋糕模（springform cake tin）1 個

烤箱預熱至 180℃／熱度 4，在蛋糕模內緣塗抹少許油脂（或用特殊的烘焙用防沾噴霧油），底部襯上烘焙紙。

在乾淨無油脂的碗裡，將蛋白打發到呈不透明且能固定形狀，緩緩加入糖，攪打到充分混合，混合糊濃稠閃亮。

加入杏仁精和磨碎的小柑橘或柳橙皮。然後分 3 次，交互拌入油和杏仁粉（已和泡打粉混合均勻），直到兩者都均勻地混入蛋白霜。

將混合糊倒入準備好的蛋糕模內，將杏仁片和肉桂粉混合均勻，撒在蛋糕上。

烘烤 35~40 分鐘（但自 30 分鐘後開始檢查），表面應已膨脹定型，杏仁片呈金黃色，蛋糕測試針插入取出時，僅有一些杏仁碎粒沾附。

自烤箱取出，讓蛋糕和烤模放在網架上冷卻。一旦不燙手後，就可鬆開蛋糕模，但在蛋糕冷卻前，不要嘗試取掉底盤。

準備享用時，透過極細濾網過篩糖粉，篩在蛋糕上，產生雪景效果，然後捧上桌。∎

我超乎尋常地以此為榮，也不羞於昭告大眾。我一向喜愛帕芙洛娃，但這是我第一次嘗試不加水果的版本，結果還頗為甜美。即溶濃縮咖啡（espresso）粉（不要用顆粒狀即溶咖啡），為棉花糖般的香甜蛋白霜，帶來一絲苦味。如同前一頁的「杏仁肉桂蛋糕」，我用放養（free-range）且經殺菌法處理過（pasteurized）的盒裝蛋白，來製作蛋白霜。我看到莫妮卡 Monica 在《廚神當道：專業廚師版 MasterChef：The Professionals》電視節目中用過，如果對她來說適合，對我而言就更沒問題。

我不想費力舉出這裡的義大利元素，但卡布奇諾效果（就風味和形式而言），已不言可喻，並且，你可以不用當它是"卡布帕芙 Cap Pav"（我家人的稱呼），而是義大利語"meringa al caffè con panna montata 咖啡蛋白霜烤餅佐打發鮮奶油"。我並不覺得有這個必要：我宣稱它的靈感，而非身分，屬於正統義大利。

卡布奇諾帕芙洛娃
CAPPUCCINO PAVLOVA

烤箱預熱至180°C／熱度4，同時在平坦的烤盤鋪上烘焙紙，若對你有幫助，可用直徑23公分的蛋糕模當範本，以鉛筆描出圓圈。

在小碗裡，將糖和即溶濃縮咖啡粉混勻，放置一旁備用。

在乾淨無油脂的碗裡，金屬製為佳（必要的話，可用蘸了醋的廚房紙巾擦拭內緣），將加了一撮鹽的蛋白，打發到以攪拌器舀起，尖端呈微微下垂的軟立體濕性發泡狀（soft peaks），繼續攪拌，同時慢慢加入（每次1大匙）糖和咖啡混合物。

當一切混合均勻，形成質地結實、閃亮的米色蛋白霜時，（用無油脂金屬湯匙）輕輕拌入（fold in）玉米粉和醋。

用大湯匙，將蛋白霜混合糊舀到烘焙紙上的圓圈裡（喜歡的話，也可徒手畫圈），用抹刀抹平塑型成平頂草帽（straw boater）的上半部；表面一定要平坦。

放入烤箱，立刻將火力轉到150°C／熱度2，烘烤1小時。蛋白霜的外層必須要剛好達到酥脆。烤好後熄火，讓帕芙洛娃底座在烤箱裡擺放至冷卻。

當帕芙洛娃底座冷卻後，小心地連同烘焙紙，將蛋白霜表面朝下放在平坦的大盤子上，輕輕地把紙撕除。

將濃縮鮮奶油打發至濃稠蓬鬆，但仍柔軟的狀態，輕巧地抹在蛋白霜表面上（本來是底部）。透過極細濾網或茶濾網，用小湯匙按壓過篩可可粉，以裝飾卡布奇諾的方式篩上。■

8人份 Ⓝ
細砂糖250公克
即溶濃縮咖啡粉（instant espresso powder）4小匙，非顆粒狀即溶咖啡
蛋白4個
鹽1小撮
玉米粉（cornflour）2小匙
白酒醋1小匙
濃縮鮮奶油（double cream）300毫升
優質可可粉1小匙

義大利聖誕布丁蛋糕
ITALIAN CHRISTMAS PUDDING CAKE

這是我自己創造出來的食譜,卻同時也揉合了許多義大利聖誕節的必備要素:華美而鑲滿水果的潘妮朵妮麵包、馬斯卡邦鮮奶油餡crema di mascarpone(最好描述為沒有手指餅乾夾層的提拉米蘇),有時更加上巧克力碎片在馬斯卡邦鮮奶油餡裡。我還添加了卡莎達杏仁霜蛋糕(cassata)元素,也就是添加了巧克力,和少許捏碎的糖漬栗子(marrons glacé)(任何糖漬或乾燥水果皆可),以及開心果碎粒。最後撒上的紅石榴籽,不僅為了美觀,也帶來了季節性裝飾,更重要的是會帶來好運(我的義大利出版商說的),因此是聖誕餐桌上不可或缺的一分子。

這裡的利口酒(liqueur)、巧克力、馬斯卡邦起司和其他甜食加起來,可能會讓你覺得這蛋糕過於濃膩:事實上,它卻是驚人地優雅。若不是超凡脫俗(sophisticated)是這麼俗的一個字,我就會用來描述它。

我將它稱為「義大利聖誕布丁蛋糕」。雖然它具備了義大利聖誕節的基本要素,並以蛋糕的形式呈現,對我來說,這些浸漬過利口酒的水果(清淡一點的版本),也使人聯想到我們自己傳統的聖誕布丁。

我用托卡香草酒(Tuaca)來浸泡潘妮朵妮麵包片,因為這款義大利香草酒,帶有柑橘味和白蘭地氣息,感覺就像是潘妮朵妮的酒精版本(我常在波歐科氣泡酒(Prosecco)裡加上幾滴,創造出芳香歡樂的節慶氣息),不過,你可用蘭姆酒(rum)、白蘭地、干邑橙酒(Grand Marnier)來代替。如果你不想為了做這個蛋糕多開一瓶酒,就直接用加在馬斯卡邦起司裡的馬莎拉酒(Marsala)吧。

若你想去除乾燥水果,當然可用黃金麵包(pandoro)代替潘妮朵妮麵包,糖漬栗子也可省略(見隔頁圖片,這些美麗的栗子來自米蘭神聖的喬萬尼糕餅舖Giovanni Galli),但不要用其他糖漬水果代替,將巧克力和堅果增量即可。說到這裡,我在美國發現一些可愛的小巧克力片(我家附近也找得到),在這裡我就是用它們,不過一般的巧克力片(chips)或切碎的巧克力─黑、白或牛奶巧克力,都可隨意使用。繼續巧克力這個話題:雖說這亮麗的布丁蛋糕根本不需任何搭配,若朋友送給你的聖誕節巧克力還有剩,可切碎後用來取代**第169頁**巧克力醬裡的巧克力碎片(若是有添加酒的巧克力,則捏碎拌入鮮奶油裡)。

我用了這麼多篇幅來寫這個蛋糕,下一頁密密麻麻的製作步驟也不少。但背後的事實是,操作方法簡直是不可思議的容易:不需要高超的烹飪技術;純粹只是組合工作罷了。這你並不需要跟滿足的客人講。

有件事我就要求嚴格了,就是蛋、馬斯卡邦起司和鮮奶油要在室溫狀態。(這裡的蛋未經煮熟,請參閱讀者須知**第xiii頁**。)

用鋸齒狀刀子，把潘妮朵妮略切為1公分片狀，使用⅓的份量襯在蛋糕模底部。必要時撕成小塊，把底部填滿，不要有空隙；潘妮朵妮非常柔軟易塑型，所以這是小事一樁。淋上2大匙托卡香草酒（或其他替代的利口酒），使襯底的潘妮朵妮濕潤。看起來好似蛋糕做成的精美黃金拼綴布。

現在著手令人垂涎的填餡。攪打（用直立式攪拌機較省事）蛋和糖，直到發泡膨脹且輕柔蓬鬆。

放慢速度，拌入馬斯卡邦起司和濃縮鮮奶油，再緩緩地拌入馬莎拉酒，繼續攪拌到混合糊濃稠厚實易塗抹。取下250毫升（一滿杯）到另一個碗或其他容器內，封住，放入冰箱，這是蛋糕的最上層，直到上桌前才會用到。

把糖漬栗子捏碎，加入馬斯卡邦鮮奶油的大碗裡，接著加入100公克的巧克力片和75公克切碎的開心果，輕輕拌勻（fold in）。將這滑順餡料的一半，填入蛋糕模底層，鋪好的潘妮朵妮麵包片表面。

用另外⅓份量（粗略估算）的潘妮朵妮薄片，蓋在馬斯卡邦鮮奶油填餡上，一樣要確保沒有空隙使填餡滲出。再澆上2大匙利口酒讓麵包片濕潤。

舀上剩下的一半馬斯卡邦鮮奶油餡，均勻抹平。擺上剩下⅓份量、最後一層的潘妮朵妮麵包片，像之前一樣覆蓋馬斯卡邦鮮奶油層，在表面淋上最後2大匙利口酒。

以保鮮膜蓋緊，自上往下稍微按壓，在冰箱放隔夜至2天之久。

準備食用時，把蛋糕自冰箱取出，脫模後放在平盤或蛋糕架上，塗上保留的馬斯卡邦鮮奶油混合糊。因為底層的潘妮朵妮薄片極為潮濕，所以千萬別嘗試將蛋糕從底部移出。

在蛋糕表面，撒上剩下的巧克力片、開心果及你的石榴珠寶，想要的話，也可撒在蛋糕周圍。這些撒上去的細碎物，也可美化修飾蛋糕模底盤可能露出的突起邊緣等缺陷。■

可切成12-14片 Ⓝ

潘妮朵妮麵包（panettone）或黃金麵包（pandoro）約625公克

托卡香草酒（Tuaca liqueur）6大匙（6×15毫升）（見前言提及的替代品）

蛋2顆，室溫狀態

細砂糖75公克

馬斯卡邦起司（mascarpone）500公克，室溫狀態

濃縮鮮奶油（double cream）250毫升，室溫狀態

馬莎拉酒（Marsala）125毫升

糖漬栗子（marrons glacés）75公克

迷你或普通巧克力片（chocolate chips），或切碎的巧克力125公克

開心果100公克，切碎

石榴籽2大匙（2×15毫升）

直徑22或23公分活動式蛋糕模（springform cake tin）1個

我深愛所有聖誕節和冬日食物，但最大的喜悅來自栗子。在我的觀念裡，栗子怎麼吃都不會難吃；但最美妙的風味（精緻奢華的享受），則來自糖漬栗子（marrons glacé），像**第250頁**的「義大利聖誕布丁蛋糕」，混合著馬斯卡邦起司鮮奶油，熱鬧歡慶地跳躍在潘妮朵妮麵包（panettone）夾層裡；我也一樣喜愛末上糖漿的栗子，蠟質的香甜感，完全滲透到鹹味義大利麵或填餡中（見**第212和203頁**）。然而，一罐糖栗子泥（sweetened chestnut purée）所帶來強烈、濃郁的香甜震撼，是獨一無二的。我知道我曾提過母親的「快速登頂蒙布朗Quickly-Scaled Mont Blancs」，不過在這裡，我還是要再說一遍。取6個小玻璃杯，每杯的容量約為125毫升，丟入一層切碎的黑巧克力（共需一塊100公克的巧克力磚）；在粗糙的巧克力碎片上，舀入一些罐頭糖栗子泥（1罐500公克裝已綽綽有餘）；接著將500毫升的濃縮鮮奶油（double cream），打發到濃稠但仍柔軟，拌入（fold in）1個捏碎的市售袋裝蛋白霜烤餅（meringue nest）*（直徑約10公分），然後舀在巧克力和栗子分層上；最後，在表面捏碎另一個蛋白霜烤餅，像山頂白雪般撒下。

坦白說，要我用湯匙直接從罐頭吃顆粒狀的栗子泥，我也會樂於從命，不過這款冰淇淋大概能比較優雅地呈現栗子風味。若你手邊有糖漬栗子（尤其是破掉的），可撒在頂層搭配上桌；否則可製作**第169頁**的巧克力醬，利口酒選用蘭姆酒。我忍不住擺上照片裡的巧克力湯匙，縱使直接吃它比用它更適合。

免攪拌栗子冰淇淋
NO-CHURN CHESTNUT ICE CREAM

可製作2個500毫升的圓筒罐，
接近全滿 Ⓝ
罐裝或瓶裝糖栗子泥（sweetened chestnut purée）250公克
深色蘭姆酒（dark rum）2大匙（2×15毫升）
濃縮鮮奶油（double cream）300毫升
糖粉（icing sugar）50公克

500毫升的密封圓筒罐或容器 2個

將栗子泥和蘭姆酒混合均勻，直到濃稠滑順。

將糖粉加入鮮奶油，打發到舀起鮮奶油，尖端呈微微下垂的軟立體狀（soft peaks），然後拌入栗子混合糊裡，或把栗子混合糊倒入打好的鮮奶油裡，輕拌混合。兩種方法都可以。

用湯匙舀入密封圓筒罐或容器內，封緊，冷凍12小時或隔夜。從冷凍庫取出後直接上桌。∎

---

* 蛋白霜烤餅（meringue nests）蛋白加糖打發成蛋白霜，再以低溫烤熟，亦有音譯為馬林糖。

聖誕炸麵球
STRUFFOLI

若你以前從未見過聖誕炸麵球（struffoli），最好的形容就是（至少在外觀上），義大利南部的泡芙塔（croquembouche）：小麵球（真的很小，彈珠般的尺寸）經油炸後，沾裹上蜂蜜，組合成圓錐塔（像法國泡芙塔 profiteroles 的形狀），或膨脹的花圈形。自從受教於來自卡拉布里亞（Calabrian）的一對姐妹花，我的炸麵球就跟她們媽媽做的一樣；也就是花圈形狀。

老實告訴你：聖誕炸麵球並不是什麼特殊震撼的美味；但是它代表了習俗、節慶和甜品。這也就是義大利南部聖誕節慶精神的核心。

如果你不是一個人單獨下廚，而是有其他人和你一起搓揉麵團，就更能體驗這種聖誕精神。對了，小朋友會很喜歡幫忙，他們的小手其實更適合用來搓揉所需的小彈珠麵團。當然，油炸時，小朋友就不能靠近。

至於裝飾的部分，我不只看過一般的蛋糕裝飾碎片，還有糖漬水果、糖漬櫻桃、糖衣杏仁和肉桂漬南瓜丁。我喜歡用的是第一種。我在義大利只見過多彩的裝飾碎片，但我選擇富節慶感的紅、白和綠色聖誕裝飾，同時呼應國旗顏色。只塗蜂蜜而不加裝飾碎片的聖誕炸麵球，或許看起來會更美麗，但有人明白地告訴我，它的重點是要看起來新奇古怪，而非低調的優雅；我試著在兩者之間取得平衡。

取一個大型有邊的烤盤，在底部撒上杜蘭小麥粉，搖晃一下。另取一個大盤（無須烘烤用），襯上二層廚房紙巾。當你著手麵團時，將兩者置旁備用。

把蛋、糖、磨碎的檸檬皮和2大匙橄欖油，攪拌到起泡蓬鬆。

慢慢加入**400公克的麵粉和泡打粉**，混合成麵團。若過黏，就再加些麵粉續揉，用雙手或直立式攪拌機（用攪拌麵團的鉤狀攪拌棒），揉成光滑柔韌的麵團。需時不長；約3分鐘，用手的話約5分鐘。

在工作檯表面撒上麵粉，倒出麵團。把麵團約略分成10份，每一份約高爾夫球大小。取一球滾揉成約1.5公分粗的繩索狀，用沾了麵粉的雙手將它分為20小塊，在雙手手掌間（視狀況沾麵粉），把每小塊揉成彈珠大小的小球。揉好的彈珠球，放在撒了杜蘭小麥粉的烤盤上。重複這些步驟，將所有的高爾夫球麵團揉完：應可做出令人咋舌的200顆小球。

在寬口底部厚實的平底鍋裡（直徑約28公分、至少11公分高），把蔬菜油燒熱，當油溫達190℃時（不能比這更熱，有需要的話，可使用煮果醬或糖漿溫度計），或是將1小丁的麵包丟入鍋裡會立刻發出嘶嘶聲，就可開始油炸這些小球。控制油溫並全神貫注看好油鍋。

用漏杓或濾匙，小心地將小球麵團靠近油面後放入，每次約15個。起初會沉入底部，炸熟時便會浮到表面，逐漸轉為金黃色。約需1分鐘，端視每次放入的小球數量而定。一旦它們轉變成所需的金黃色澤時，就立刻用漏杓或濾匙撈起，放在襯著廚房紙巾的大盤上。同樣全程專注在油鍋上。

繼續分批油炸小麵團（確定炸油保持在所需溫度，但不要過熱或過度沸騰），直到全都炸完。它們可全部堆疊在大盤子上，不會有問題。現在熄火，開始沾黏組合的步驟。

把蜂蜜倒入可直火加熱的烤盤（roasting tin），以小火加熱，直到帶流動感（僅存瞬間就可發生，所以不要走開），然後離火。

將所有炸好的小球，倒入溫熱的蜂蜜裡，用軟刮刀輕輕翻轉，使其表面沾裹上蜂蜜。另取帶小邊或盤緣的大盤子或蛋糕架，將手沾濕，試一下麵球溫度，將這些黏膩小球沿著盤子外圍，擺放成膨脹的花圈形，正中央留出一小圓圈的空間。請勿擔心對稱性、完美度或者是默數球數。

把手上的蜂蜜洗淨，在黏膩花圈上方，撒上你所選擇的聖誕裝飾碎片，往後站一步，欣賞一下，再將這得意作品呈到眾人面前，讓他們也有機會景仰一番。我認為，這些聖誕炸麵球最好在製作當天享用。用冰淇淋杓（scoop）或湯匙和叉子分食。雖然很難避免會沾黏到雙手和其他地方，不過這也是樂趣的一部分。■

10人份，可達16人份：*基本上作為聖誕餐桌的核心焦點*

杜蘭小麥粉（semolina）2大匙（2×15毫升）

蛋6個

糖1大匙（1×15毫升）

未上蠟的磨碎檸檬皮1顆

橄欖油2大匙（2×15毫升）

中筋麵粉450~500公克，另備少許當手粉用

泡打粉½小匙

沒有特殊氣味的蔬菜油約2½~3公升，油炸用

蜂蜜450公克

聖誕蛋糕裝飾碎片（Christmas sprinkles）約2小匙，裝飾用

...TO START THE NEW YEAR 新年開始

煉獄之蛋
EGGS IN PURGATORY

...或者，當你感覺身處地獄（糟透了）時應該吃這個。

我並不是說，新年元旦的那一天就一定會宿醉，但經過那個幾乎是強迫性的笙歌夜宴，來道香辣番茄醬煮蛋，會使你宛若置身天堂。

我想我可能需要解釋一下這道菜的名字，但無法提出明確的佐證。辣椒的香辣和番茄的紅艷，應該會讓人覺得它的名字應該是"地獄之蛋uova in inferno"而不是"煉獄in Purgatorio"。煉獄Purgatory是死於恩典之人，等待上天堂期間暫待之處，必須在靈薄獄（limbo）經歷長久的等待。我知道這只是一個很簡單的說明，但請記得：我只是在介紹一道雞蛋料理，而非研究歷史教義。此外，非天主教徒的我，對煉獄的了解，完全來自但丁（Dante）。因此，我特別喜歡一種文學上可能的解釋：這道菜裡，那金色的蛋黃，從瀰漫著帕馬森起司（Parmesan）的番茄中昇起，可能就是來自但丁在破曉時抵達煉獄，然後為東昇的旭日獻上禮讚...「如美麗的極光女神紅艷的雙頰...轉變為紅橙色」。對...我知道，我不能再過度詮釋了，但你不能怪我那麼努力嘗試呀。

現在，讓我們把對由來的猜臆和各種怪異的理論放到一邊，把焦點放在這道料理，和它所帶來的純粹愉悅。我通常有個近乎歇斯底里的「蛋不見紅」規則：我無法忍受看到盤子裡的蛋，附近有一點番茄醬汁或烤番茄（更不用說是混在一起了）。但這道美味的「煉獄之蛋」，完全挑戰並顛覆了我之前的偏見。

回到烹飪步驟：如果用我的鑄鐵煎鍋，它的直徑只有16公分，真的就只放得下一顆蛋；但一般的小煎鍋通常是20公分，這樣的話，可輕易容納2顆蛋。或者，你也可以先放1顆蛋，再將第2顆蛋的蛋黃打在第1顆的蛋白上 無論如何，它的作法非常簡單，不管怎麼忙，我都可很快地做好，當成早餐、早午餐、午餐、晚餐或宵夜。

若你要將「自我救贖」轉變成一群人的早午餐，那肯定要用大一點的鍋子，我會用2罐番茄－鍋子裝得下的話－應能提供足夠8顆蛋所需的液體量（請閱讀讀者須知**第xiii頁**關於蛋的項目）。

把橄欖油倒入煎鍋，刨入大蒜（或切碎後加入），撒上乾辣椒片，以中火攪拌1分鐘。

加入番茄、拌入鹽，加熱到沸騰。熱度要能夠把蛋煮熟（poached）。

打入蛋，撒上帕馬森起司，讓部分蛋黃露出，稍掩鍋蓋。滾煮5分鐘，使蛋白已成固態，蛋黃仍帶有流動感，小心看著。

熄火後上菜－想要的話－撒上少許帕馬森起司和辣椒油，搭上蘸取醬汁的麵包。■

1人份
橄欖油1大匙（1×15毫升）
大蒜1小瓣，去皮
乾辣椒片 ¼ 小匙
碎粒番茄罐頭 1罐，400公克
海鹽 ½ 小匙或細鹽 ¼ 小匙，或適量
蛋 1~2 顆
刨碎的帕馬森起司（Parmesan）
　　2~3 小匙

上菜用：
刨碎的帕馬森起司（可省略）
辣椒油（可省略）
麵包（非要不可）

你可以說這是加了義大利麵的扁豆湯，或是加了扁豆的義大利麵，端視你在義大利的何處而定。我並不是說這和區域性有關：其間的差異，會受到家庭、家族和生活習慣的不同而有所影響。我的版本較偏向多湯版，至少第一次上桌時是這樣；剩下的湯冷卻後會變得濃稠。

這道菜在新年期間有雙重責任：一方面，它含有大量的碳水化合物，因此可吸收多餘的節慶酒精；另一方面，義大利人習慣在新年元旦時食用扁豆，因其像硬幣的形狀，可為來年帶來興旺財氣。我以前寫過扁豆和香腸的新年午餐食譜，因此現在理所當然地應納入這道料理。

義大利麵和扁豆
PASTA & LENTILS

把洋蔥、培根或義式培根、巴西利和大蒜放入食物調理機碗裡絞碎。

在附鍋蓋的燉鍋（casserole）裡（我使用直徑26公分、高10公分的上釉鑄鐵鍋），把橄欖油燒熱。加入食物調理機裡的食材，以中火加熱5~7分鐘，一邊攪拌，直到變軟。

拌入扁豆和番茄，把空罐裝滿冷水，再把水倒入鍋裡。加入月桂葉。

再度攪拌，注入高湯煮開，把火轉小，加蓋，讓扁豆煨煮（simmer）30分鐘，那時它們應該軟化了。

拿掉鍋蓋，把火轉大，煮到沸騰，加入義大利麵，不加蓋，在燉鍋裡煮10分鐘，直到義大利麵變得彈牙（al dente）。適量調味，加蓋燜火，靜置10分鐘。

搭配辣椒油或一些特級初榨橄欖油上菜，讓眾人食用時可自行淋在碗裡。■

8-10人份 N
洋蔥1顆，去皮切成4等份
去皮五花培根（rindless streaky
　　bacon）或義式培根（pancetta）
　　150公克
新鮮巴西利（parsley）1小束
大蒜1瓣，去皮
橄欖油2大匙（2×15毫升）
扁豆（lentils）500公克，棕色或綠
　　色皆可，洗淨
碎粒番茄罐頭1罐，400公克，另
　　備清水400毫升，沖洗空罐用
月桂葉（bay leaves）2片
雞高湯或蔬菜高湯 2.5公升
綜合義大利麵（pasta mista），
　　或其他破碎的義大利麵或小型義
　　大利麵250公克
鹽和黑胡椒粉適量
辣椒油或特級初榨橄欖油，上菜用

NOTES 筆記

提前製作的料理或剩菜（蛋糕除外）必須儘快放涼後冷藏，並且在2小時內完成。
食物存放在冷藏室，要視狀況放在密封容器裡或以保鮮膜緊緊包裹。

PASTA
義大利麵

西西里義大利麵，番茄、
大蒜和杏仁

儘快冷藏剩菜。可在冷藏室存放3天。

義大利式迷你起司通心麵

你也可以把所有的義大利麵放在一個較
大的烤皿（約24×17×6公分 / 1.25公升）
裡製作。

在已預熱至200℃ / 熱度6的烤箱裡烘
烤20~25分鐘，直到表面呈金黃色，邊
緣冒泡泡。

小餛飩蔬菜湯

儘快冷藏剩菜。可在冷藏室存放3天。在
平底深鍋裡緩緩地重新加熱，直到滾燙。

墨魚直麵

番茄醬汁可提前製作到步驟4結束，儘
快放涼後冷藏或冷凍。可在冷藏室存放3
天，或冷凍保存3個月（使用前放置於冷
藏室解凍）。緩緩地重新加熱，直到略為
沸騰，然後加入墨魚，依照食譜指示繼
續完成。

辣味蟹肉燉飯

不建議重新加熱蟹肉或燉飯的剩菜。

法若小麥燉飯和蕈菇

可提前製作到步驟7。儘快放涼後冷藏。
可在冷藏室保存2天。放回鍋裡，加蓋，
緩緩地重新加熱，直到滾燙，不時攪
拌，視需要加入少許清水或高湯。依照

食譜指示繼續作業。儘快冷藏剩菜，可
在冷藏室存放3天，當沙拉食用正好。不
建議重新加熱法若小麥燉飯的剩菜。

FLESH, FISH &
FOWL
肉類、魚類和禽類

蝴蝶切羊腿肉，月桂葉和
巴薩米克醋

儘快冷藏或冷凍剩菜，以鋁箔紙緊緊裹
好。可在冷藏室保存2天、冷凍保存2個
月（使用前，放置於冷藏室解凍一晚）。

義大利式大盤烤

這是一道可以擴展成餵飽一大群人的簡
易食譜，只要你的烤盤夠多、烤箱夠
大，並確保烘烤到中途時，將烤盤上下
對調。

VEGETABLES &
SIDES
蔬菜和配菜

櫻桃番茄和橄欖

可提前製作到步驟3。儘快放涼後冷藏。
可在冷藏室保存2天。放回鍋裡，緩緩地
重新加熱，直到滾燙，然後依照食譜指
示繼續作業。儘快冷藏剩菜，可在冷藏
室保存2天，做為義大利麵的麵醬正好。
不建議重新加熱番茄剩菜。

豌豆和義式培根

可提前製作到步驟4。儘快放涼後冷藏。
可在冷藏室保存2天。放回鍋裡，緩緩地
重新加熱，直到滾燙，然後依照食譜指
示繼續作業。儘快冷藏剩菜，可在冷藏
室保存2天。不建議重新加熱豌豆剩菜。

燜煮蠶豆、豌豆和朝鮮薊，
以及百里香和薄荷

可提前製作到步驟3。儘快放涼後冷藏。
可在冷藏室保存2天。放回鍋裡，緩緩地
重新加熱，直到滾燙，視需要加入少許
清水，然後依照食譜指示繼續作業。儘
快冷藏剩菜，可在冷藏室保存2天。不建
議重新加熱豆子剩菜。

烤洋蔥和羅勒

可提前製作到步驟3。儘快放涼後冷藏。
可在冷藏室保存2天。上菜前1小時，把
洋蔥自冷藏室取出，回復至室溫狀態，
然後依照食譜指示繼續作業。

縐葉甘藍，馬鈴薯、
茴香籽和塔雷吉歐起司

儘快冷藏剩菜，裝在非金屬容器裡。可
在冷藏室保存2天。

西西里式花椰菜沙拉

可提前製作到步驟6。儘快放涼後冷藏。
可在冷藏室存放3天。上菜前1小時，
把花椰菜自冷藏室取出，回復至室溫狀
態，任其冰涼也行，然後依照食譜指示
繼續作業。儘快冷藏剩菜，自製作日算
起，可在冷藏室保存3天。

坎尼里尼白豆和迷迭香

儘快冷藏剩菜,可在冷藏室保存2天。室溫狀態食用,或放回鍋裡,緩緩地重新加熱,直到滾燙。

義大利金燦扁豆

可提前製作,先跳過香草碎。儘快放涼後冷藏。可在冷藏室保存2天。放回鍋裡,緩緩地重新加熱,直到滾燙,然後加入香草碎;或上菜前1小時,自冷藏室取出,回復至室溫狀態,然後加入香草碎。儘快冷藏剩菜,可在冷藏室保存2天,之後最好冷食。不建議重新加熱剩菜。

馬斯卡邦起司薯泥

儘快冷藏剩菜,可在冷藏室保存2天。在平底深鍋裡緩緩地重新加熱,直到滾燙,可視需要加入牛奶。也可以採用微波爐,依照廠商所附的說明書加熱。

番紅花珍珠麥燉飯

可提前製作,先跳過帕馬森起司。儘快放涼後冷藏。可在冷藏室保存2天。放回鍋裡,加蓋,緩緩地重新加熱,直到滾燙,不時攪拌,依照需要加入清水或高湯讓麥飯吸收。加入帕馬森起司,然後依照食譜指示繼續作業。

偽薯泥

儘快冷藏剩菜,可在冷藏室保存2天。重新加熱時,把它移到可進烤箱的容器中,在表面放一些奶油丁、刨些帕馬森起司,放入已預熱至200℃／熱度6的烤箱裡烘烤20~23分鐘,直到中心點滾燙,表面呈金黃色。

SWEET THINGS
甜上癮

快速柳橙巧克力慕斯

可提前製作到步驟4。封住並冷藏,可在冷藏室保存2天。上菜前30分鐘,自冷藏室取出,稍微回溫。依照食譜指示繼續作業。

甘草布丁

可提前製作到步驟5。可在冷藏室存放3天。依照食譜指示上菜。

義式奶酪三重奏

可提前製作。在冷藏室可保存3天。依照食譜指示上菜。

蛋白霜冰淇淋蛋糕和巧克力醬

可提前製作。最好在1星期內享用完畢,但可在冷凍庫存放1個月。醬汁可提前製作。儘快放涼後冷藏。可在冷藏室存放3天。上菜前1小時,把醬汁自冷藏室取出,回復至室溫狀態;視需要依照食譜指示重新加熱。

免攪拌,一個步驟做咖啡冰淇淋

可提前製作。最好在1星期內享用完畢,但可在冷凍庫存放1個月。

雙杏仁酒半凍冰糕和閃亮杏黃甜醬

半凍冰糕可提前製作。最好在1星期內享用完畢,但可在冷凍庫存放1個月。醬汁可提前製作。儘快放涼後冷藏。可在冷藏室存放1星期。上菜前1小時,把醬汁自冷藏室取出,回復至室溫狀態。

巧克力榛果起司蛋糕

可提前製作。可在冷藏室存放4天。剩菜必須冷藏,自製作日算起,4天內享用完畢。

義大利蘋果派

可提前製作。做完當天放涼後冷藏,以雙層保鮮膜外加一層鋁箔紙緊緊包裹。去掉包裹置室溫4小時回溫。最佳賞味期

是製作當天或回復室溫之時。剩派以保鮮膜緊緊包裹,可在冷藏室存放1天。

紅寶石色的李子和杏仁餅烤麵屑

烤麵屑可提前製作。可在冷藏室存放在3天,或裝在塑膠袋冷凍保存,可自冷凍庫取出,直接使用。儘快冷藏剩菜,可在冷藏室保存2天。

優格圓蛋糕

可提前製作。裝在密封容器裡,可在陰涼處存放2-3天,或者以雙層保鮮膜外加一層鋁箔紙緊緊包裹,可冷凍3個月。解凍時,去掉包裹置室溫2小時。

橄欖油巧克力蛋糕

可提前製作。裝在密封容器裡,可在陰涼處存放2-3天,或者以雙層保鮮膜外加一層鋁箔紙緊緊包裹,可冷凍3個月。解凍時,去掉包裹置室溫3小時。

義大利早餐香蕉麵包

可提前製作。裝在密封容器裡,可在陰涼處存放5天,或者以雙層保鮮膜外加一層鋁箔紙緊緊包裹,可冷凍3個月。解凍時,去掉包裹置室溫4小時。若麵包要經烘烤加熱,最好存放在冷藏室。

大茴香籽酥餅

烘烤過的酥餅可在密封容器裡保存5天。

AN ITALIAN-INSPIRED CHRISTMAS
義大利風格聖誕節

戈根佐拉起司和
坎尼里尼白豆蘸醬,
以及三色錦蔬

可提前製作到步驟3。可冷藏1天,依照食譜指示上菜。

填餡潘妮朵妮麵包塊

可提前製作到步驟3。儘快放涼後冷藏或冷凍。可在冷藏室保存2天、冷凍3個月（使用前，置於冷藏室一晚解凍）。依照食譜指示繼續作業。儘快冷藏剩菜，可在冷藏室保存2天。

帕馬森起司酥餅

可提前製作到步驟3。可在冷藏室存放在3天，或者以雙層保鮮膜外加一層鋁箔紙緊緊包裹，可冷凍3個月（使用前，置於冷藏室一夜解凍）。依照食譜指示烘烤。麵團切片後也可在襯著烘焙紙的鐵板上冷凍至堅硬，然後移至塑膠袋，冷凍保存3個月。依照食譜指示自冷凍狀態烘烤。烘烤過的酥餅可在密封容器裡保存5天。

三角形玉米糕

可提前製作。儘快放涼後冷藏。或者置於襯著烘焙紙的鐵板上冷凍至堅硬，然後移至塑膠袋，冷凍保存放3個月，自冷凍狀態烘烤。冷藏和冷凍的三角形玉米糕須依照食譜指示烘烤，但烘烤時間需增加5~10分鐘。

辣味番茄醬

可提前製作。儘快放涼後冷藏。可在冷藏室存放3天、冷凍3個月（使用前，置於冷藏室一夜解凍）。若要溫著吃，放回平底深鍋，緩緩地重新加熱，直到滾燙，稍微靜置後上菜。

火雞胸肉填義大利香腸和馬莎拉酒浸蔓越莓

可提前製作到步驟4。儘快放涼後冷藏。可在冷藏室保存2天。依照食譜指示繼續作業。

烹煮過的火雞胸肉必須儘快放涼後冷藏，或者以雙層保鮮膜外加一層鋁箔紙緊緊包裹，然後冷凍（食用前，置於冷藏室一夜解凍，要確定完全解凍）。烹煮過的胸肉可在冷藏室保存2天、冷凍保存3個月。

無花果和橄欖果菜酸甜醬

果菜酸甜醬可在冷藏室保存1個月，若依食譜前言的方式操作，可在冷凍庫保存3個月。保存期限較長的版本，我考慮直接以洗碗機烘乾的玻璃罐（只要手不碰到裡面即可），當成殺菌，不過高標準人士則要以溫肥皂水清洗罐子，然後沖洗乾淨、在低溫（140℃／熱度1）的烤箱裡烘乾10分鐘。開封後，果菜酸甜醬可在冷藏室保存1個月。

義大利麵香料

香料碎可在陰涼乾燥之處存放1年。

蔓越莓和開心果比斯科提脆餅

比斯科提脆餅可在密封容器裡存放1個月。若同時烘烤2盤，烘烤到中途時，要將烤盤上下對調；如此一來，烘烤時間要多個1-2分鐘。

巧克力牛軋餅乾

可提前製作到步驟5，在冷藏室存放24小時。依照食譜指示烘烤。未經烘烤的餅乾，可置於襯著烘焙紙的鐵板上冷凍至堅硬，然後移到塑膠袋，在冷凍庫保存3個月。自冷凍狀態烘烤，烘烤時間要多個1-2分鐘。烘烤過的餅乾裝在密封容器裡，可在陰涼處保存5天。

巧克力薩拉米

可提前製作，上菜前才裹上保鮮膜並綁繩子。存放在冷藏室，自製日算起，4天須享用完畢。也可在做好當天以雙層保鮮膜外加一層鋁箔紙緊緊包裹，可冷凍保存1個月。解凍時，置冷藏室一夜，上菜前去掉鋁箔紙、再綁上繩子。2天內享用完畢。

杏仁肉桂蛋糕

可提前製作。裝在密封容器裡，可在陰涼處存放2-3天，或者以雙層保鮮膜外加一層鋁箔紙緊緊包裹，可冷凍保存3個月。解凍時，去掉包裹置室溫3小時。

卡布奇諾帕芙洛娃

帕芙洛娃底座可提前製作到步驟7。可在密封容器裡保存2天，依照食譜指示上菜。剩菜必須冷藏，2天內享用完畢。

義大利聖誕布丁蛋糕

可提前製作到步驟7。可在冷藏室保存2天。依照食譜指示上菜。蛋糕也可冷凍保存到3個月。把保留的馬斯卡邦起司塗抹到表面上，置冷藏室6小時，脫模但底盤留著，不加遮蓋冷凍至堅硬。然後以雙層保鮮膜外加一層鋁箔紙緊緊包裹，再放回冷凍庫保存。解凍時，去掉包裹、放在上菜盤，置冷藏室一夜。上菜前撒上巧克力片、開心果碎和石榴籽。剩菜必須冷藏，自製作日算起，4天內享用完畢。若經過冷凍，則須在解凍後2天內享用完畢。

免攪拌栗子冰淇淋

可提前製作。最好在1星期內享用完畢，但可在冷凍庫放存1個月。

義大利麵和扁豆

儘快冷藏剩菜。可在冷藏室存放3天。在平底深鍋裡緩緩地重新加熱，視需要加入少許高湯或清水，直到滾燙。

INDEX 索引

ACKNOWLEDGEMENTS 謝詞

每次要寫致謝詞，我總是期待又害怕，我想立即表達謝意，但又擔心我的感激之情，無法完全呈現在此小小的欄位裡。所以，請原諒我的簡言潔語，並且請你明白以下的名單不足以表達我謝意的萬分之一。

首先，我至誠地感謝 Charles Saatchi、Ed Victor、Gail Rebuck 以及 Mark Hutchinson，在我還沒動筆之前，他們對這個計劃的熱情，提供了我實現的動力。和我共事的女孩們知道我對她們的感謝無止盡，若將這些字句寫在此處，將會太過泛濫。讓我簡單的說，如果沒有 Hettie Potter，我絕對無法完成，她對我而言，如陰之於陽，奶油之於麵包，她是我廚房不可或缺的伴侶，我希望永遠不會失去她。Zoe Wales 一絲不苟的研究精神，是我喜悅和靈感的來源，我對她不勝感激。同樣的，我受到高效率 A 團隊的大力支持和協助，她們是 Anzelle Wasserman 和 Alice Binks。沒有 Caz Hildebrand，就不會有這本書，至少不會是讓我滿意的書。在此我必須再度熱情地感謝 Petrina Tinslay，她精美的攝影作品，正是我心目中最適合這本書的。

我喜歡蒐購物品但不擅整理，多年來我狂熱購入許多碗盤，多數你可在本書中見到，雜亂的東西需要整頓，我當然不行。幸好，我有道具設計師 Lucy Attwarter 和 Emily Penrose 來處理這一切的混亂，填補缺失，確定每張照片裡需要的元素都不虞匱乏。因此，我特別想要感謝 Willer、Brickett Davda、David Mellor 和 Georg Jensen 慷慨出借贊助。

上述這些朋友貢獻良多，恰如其份地完成所有內容。但確保我們能將這本書送到你手上的人是 Alison Samuel，我的編輯，她的感性足以和其敏銳度及應變力（才能對付我）匹配：以及 Clara Farmer、Caroline Stearns、Parisa Ebrahimi、Jan Bowmer、Jane Sharp、Nicky Nevin 和 Julie Martin。

最後，感謝我的孩子們，Mimi、Phoebe 和 Bruno：這些食譜主要是為他們而寫；也就是說，我為他們烹煮這本書裡的菜餚，他們是最棒的試吃員。他們告訴我，這是我所有作品中，他們最喜愛的一本，為此，為他們，我感到非常非常地開心。